# 종합군수지원

– 야전운용제원 수집과 활용모델 –

# 종합군수지원

## - 야전운용제원 수집과 활용모델 -

조용선 지음

한국학술정보㈜

  조용선 소령은 육군사관학교를 졸업(52기, 1996)하고, 35사단에서 소대장, 28사단 보병중대장(2001), 17사단 보병중대장(2003)근무를 성공적으로 마친 후, 육군군수사령부 '지원시험장비 개발장교'(2004), '기동무기 군수지원 분석장교'(2006)를 거쳐, 현재 육군군수사령부 '화력무기 군수지원 분석장교'(2007)로 근무하고 있는 우리 군의 엘리트 영관급 장교이다.

  조소령은 2004년부터 지금까지 육군군수사령부에서 군수관련 업무를 5년여 이상 수행해 오면서 군수에 관한 전문성을 축적해 왔다. 또한 이 기간 중 한남대학교 국방전략대학원 국방획득관리학 석사과정에 진학하여 획득 및 군수관련 이론적 지식을 체득하기 위해 많은 노력을 기울였다.

  사실 조소령은 초급장교시절, 육군사관학교 군사과학대학원에서 지구공학석사(2000) 학위를 이미 취득했을 만큼 뛰어난 재원이었다. 그럼에도 불구하고, 또 다시 한남대 국방획득관리학과 석사과정에 진학하여 공부한 것은, 그가 전문성을 축적하기 위해 얼마나 노력하고 있는지를 상징적으로 잘 보여주는 것이라 할 수 있을 것이다.

  이번에 조소령은 육군군수사령부에서 5년여 기간 동안 전문형 장교로 근무하면서 끊임없이 자신을 괴롭혔던 문제들을 해결할 수 있는 방안을 제시한 연구결과물을 『종합군수지원 - 야전제원수집과 활용모델』라는 제목을 붙인 단행본으로 세상에 내놓았다. 입에 침이 마르도록 칭찬해도 모자랄 지경이다. 우리 군에서 소령은 실무자로 거의 집에도 들어가지 못할 정도로 업무가 과중하다. 그런데도 틈틈이 시간을 쪼개 가면서 이론적 글쓰기를 시도해 왔다는 사실만으로도 조소령이 어떤 장교인지 잘 알 수 있을 것이다.

조소령이 이번에 출간한 『종합군수지원 - 야전제원수집과 활용모델』은 현재 우리 군에 적용하고 있는 야전제원 수집과 CSP의 야전제원 수집체계를 고찰, 이것의 운영상 문제점을 식별하고, 발전방향을 제시하는 내용으로 구성되어 있다.

확실히 본서를 읽어보면 종합군수지원(ILS)이 왜 중요한지를 자연스럽게 깨닫게 된다. 본서의 주요 내용을 살펴보면 다음과 같다.

우선 ILS 및 야전제원 수집자료, 논문, 단행본 등을 주요 참고자료로 활용하면서, 또 조소령 자신이 CSP 야전재원 수집체계 구축 및 LSA 업무 등을 통해 실제로 체득한 경험적 지식을 토대로 우리 군의 야전재원 수집체계에 대해 분석을 하였다.

본서에서 조소령이 제시하고 있는 우리 군의 야전재원 수집체계의 문제점을 살펴보면 다음과 같다.

첫째, 야전제원 수집에 대한 정확한 규정이 부재하다. 둘째, 소요군에서 야전제원을 수집하고 관리할 수 있는 조직이 부재하다. 셋째, 야전재원을 수집할 수 있는 체계구축이 미흡하다. 넷째, 수명주기(life-cycle)간 품목의 특성에 대한 고려가 미흡하다.

이 같은 문제점을 해결, 신뢰성 있는 야전제원을 수집하기 위해 다음과 같은 대안을 제시하고 있다. 첫째, 소요군에 의해 야전제원 수집체계가 수행될 수 있도록 세부적이고 명확한 규정이 정립되어야 한다. 둘째, 정비기술연구소를 기반으로 야전제원 수집 및 관리가 가능한 조직이 구축되어야 한다. 셋째, 장비정비 정보체계를 토대로 야전재원 수집체계를 구축해야 한다. 넷째, 수명주기를 고려한 품목별 신뢰도를 구축해야 한다.

조소령은 이런 대안을 야전제원 수집체계 구축 시 적용할 경우, 비용(cost), 일정(schedule), 성능(performance)의 관점에서 소요군의 요구를 충족시킬 수 있는 신뢰성있는 무기체계 및 장비를 획득, 운용·유지하는 것이 가능하게 될 것이라고 주장하고 있다.

우리 군의 야전재원 수집체계와 관련, 조소령이 제시한 대안(발전방향)이 '정책적실성'(policy relevance)이 있는지, 없는지를 논의하는 것도 필요하겠지만, 그 보다 더 중요한 것은 조소령과 같은 젊은 엘리트 장교가 우리 군의 야전재원 수집체계상의 문제점을 확실한 '전문성'으로 무장하여 논리적으로 지적하고, 그것을 해결하는데 필요한 대안을 자신있게 제시하고 있다는 점일 것이다.

여기에서 '전문성'이란 작전적, 전술적 차원의 세부적인 지식만이 아닌, 다양하고 복잡한 정책적 이슈들(issues)에 대한 세련된 이해 및 주요 정책문제들을 해결하는데 필요한 창의적이고 독창적인 대안을 제시하고, 정책선택에 대해 나름대로 영향력을 발휘할 수 있을 정도의 전문적인 능력을 의미하는 것이다. 이런 전문적인 능력을 조소령이 갖추고 있기 때문에, 우리 군의 야전제원수집체계상에 이런 저런 문제점이 있고, 그것을 해결하기 위해서는 이런 저런 방법을 사용해야 한다고 자신있게 주장할 수 있는 것이다.

이런 점에서 조소령은 이번 단행본 출간을 계기로 확실히 종합군수지원(ILS)가운데 야전수집체계분야에 관한 한 우리 군내에서 최고수준의 전문성을 갖추고 나름대로 영향력을 발휘할 수 있는 힘(power)을 갖게 되었다고 볼 수 있을 것이다.

앞으로 조소령은 본인이 체득한 이론적·경험적 지식을 종합군수지원 관련 업무에 종사하는 선·후배 장교들과 지속적으로 공유하여, 더 나은 지식을 축적할 수 있도록 지속적으로 노력해야 할 것이다.

그리고 조소령의 이번 단행본 출간이 우리 군의 엘리트 장교들에게 많은 자극제가 되기를 바란다. 사실 본서는 조소령이 하루하루 군 업무를 수행하면서 체득했던 산발적이고 단선적인 지식들을 오랜기간에 걸쳐 정성들여 결합한 것인데, 그것을 막상 단행본으로 출간하고 보니 이렇게 엄청난 힘을 발휘할 수 있는 독창적인 이론서가 된 것이다.

이런 점을 적절히 인식, 우리 군의 젊은 엘리트 장교들도 조소령처럼 이론적, 경험적 지식 둘 다를 갖추어 진정한 의미의 전문가가 될 수 있도록 부단히 노력해 주기를 바란다.

마지막으로 본서는 우리 군의 획득 및 군수관련 인력, 그리고 ADD 및 방산업체 요원들이라면 반드시 한번 읽어 보아야 하는 책이다. 종합군수지원의 세부적인 지식에서부터 전체적인 것까지 폭넓게 보는 안목을 배양할 수 있도록 해주고 있기 때문이다.

일독을 권한다.

2008. 09. 30.
김종하, Ph.D.(국방획득 및 방위산업 전공)
한남대 국방전략대학원 주임교수

머<br>리<br>말

　군사과학대학원에서 석사학위를 받고 야전에 있으면서 "군인으로서 국가를 위해, 군을 위해 무엇을 해야 하는가?"하는 질문을 항상 하면서 스스로를 채찍질하였다. 야전을 떠나 정책부서에서 ILS 업무를 하면서 거시적인 안목에서 국방을 바라보아야 한다는 측면에서 스스로 한계를 많이 느끼게 되었다. 획득업무는 단순하게 시행착오를 겪으면서 숙달되는 야전과 달리 전문적인 지식과 능력으로 업무를 수행해야 한다는 것을 알게 되었다. 국가의 정책과 예산을 활용하면서 국가를 방위하는 효율적인 정예 미래군의 모습을 정확하게 그려낼 수 있는 능력의 필요성을 더욱더 느끼게 되었다.

　이러한 가운데 국방획득의 메카인 한남대 국방전략대학원에서 국방획득분야의 석사학위를 받으면서, 국방획득 지식체계를 이해하고 거시적인 안목이 무엇인지를 깨닫게 되었다. 국가의 방위산업 정책과 방향, 효율적인 획득을 위한 협상, 선진국의 획득 정책, 신뢰성 있는 무기체계를 전력화시키기 위한 시험평가, 체계적인 무기체계 관리를 위한 시스템 공학 적용 등 획득업무에 핵심적인 사항에 대해 지식을 획득함으로써 한층 더 향상된 능력으로 업무를 수행하게 되었으며, 이를 통한 현재 ILS 업무의 역할과 방향을 정립하고자 노력하였다.

　　야전부대에서부터 느껴 왔던 생각과 ILS 업무를 하면서 경험적인 지식과 대학원의 통한 획득에 대한 전문지식, 연구과제 및 각종 세미나 주제발표를 통해 그동안의 연구성과를 정리하여 단행본 출판의 작은 결실을 맺게 되었다.

　　군생활 중 ILS의 필요성과 중요성을 향상 강조해 오시면서 전폭적인 지원과 도움을 주신 조극래 대령님, 업무의 핵심을 파악하고 명확한 지침을 주시는 심재관 대령님, 그리고 열정적인 지도와 관심으로 많은 의견을 개진해 주시고 방향을 설정해 주신 정용길 중령님께 감사드린다.

　　아울러 국방획득 분야의 학문적 이해와 깊이를 깨닫게 해 주시고 긍정적인 삶과 해학을 가르쳐 주신 함선필 교수님, 이재민 교수님, 장진화 교수님, T-50 개발에 직접 참여하신 개발사례의 현실감 있는 가르침을 주신 이희우 교수님께 감사드린다.

　　특히 거시적인 안목으로 국방획득을 바라볼 수 있도록 실제적인 강의와 최신의 자료 제공 등을 통해 지식의 향상과 냉철한 이성을 토대로 한 업무수행 능력 향상, 글 쓰는 능력을 길러주신 김종하 교수님께 감사드린다. 김종하 교수님의 열성적인 가르침과 책을 엮어내기 위한 혼신을 다하는 지도편달에 힘입어 이러한 결심을 맺을 수 있었다고 생각한다.

　　앞으로 군생활을 하면서, 대학원에 배우고 느낀 국방획득 분야에 대해 지식과 안목을 토대를 전문가다운 업무를 수행하여 군의 발전에 미력하나마 기여할 것을 다짐하면서, 끝까지 밤늦도록 남편을 기다려 주고 배려해 준 아내 혜선이와 우리 집의 든든한 장녀 민경이, 공주님 문경이, 똘똘한 수현이에게 고마움을 전한다.

2008년 10월

# 목 차

# 책 머 리 에

현재 나날이 발전하는 군사과학기술은 전쟁수행방식의 변화를 강요하고 있다. 불과 반세기 전의 한국전이나 베트남전처럼 단순하게 지형을 탈취하고 대량 살상을 통한 전장에서의 승리를 달성하는 재래식 전장개념으로부터 최근의 이라크전(2003)처럼 '네트워크중심전(NCW: Network-Centric Warfare)'[1]으로 변하고 있다. 네트워크중심전하에서 수행되는 중요한 개념인 '효과기반작전(EBO: Effect Based Operations)'[2]을 제대로 수행하기 위해서 무기체계의 첨단화와 정밀화가 요구된다. 그러나 이러한 무기체계를 개발, 유지하기 위해서는 과거와는 비교되지 않을 정도로 막대한 비용이 소요된다. 비용을 효율적으로 관리하기 위해서는 전수명주기(Total Life

---

1) 네트워크중심전(NCW: Network-Centric Warfare)은 컴퓨터의 자료 처리 능력과 네트워크로 연결된 통신기술의 능력을 활용하여 정보의 공유를 보장함으로써 군사력의 효율성을 향상한다는 개념이다. 미군들은 '4가지 기본교리'로 네트워크중심전의 작용원리를 설명하고 있다. 즉 ① 네트워크로 강도 높게 연결된 군사력은 정보의 공유 정도를 개선하고 ② 정보의 공유는 정보의 질과 상황인식에 대한 공유 정도를 향상시키며 ③ 상황인식의 공유는 협동과 자체 통합을 가능하게 하면서 지속성과 지휘속도를 향상시키고 ④ 이러한 과정은 결과적으로 임무의 효율성을 증대시킨다. 이경재, 「효율적인 군사력 건설을 위한 소요창출 및 획득체계의 개선」(서울: 대한출판사, 2006), p.100, 네트워크중심전에서의 국방획득체계 개선에 대한 대표적인 연구물에는 김종하, 「미래전, 국방개혁 그리고 획득전략」, (서울: 북코리아, 2008), pp.295-324를 참조.
2) 미 합동전력사령부에서는 효과기반작전(EBO: Effect Based Operations)을 "전술적, 작전적, 전략적 수준에서 모든 범위의 군사 및 비군사적 능력을 상승적, 승수적, 누적적으로 적용함으로써 요망하는 전략적 결과나 효과를 적으로부터 획득하는 과정이다."라고 정의하였다. 대표적인 EBO 적용 사례는 걸프전쟁에서 미 공군의 1달 동안의 정밀 공중타격으로 이라크의 지휘통제체제를 마비시킨 상태에서 100시간 만의 지상군 기동으로 이라크군을 무력화시킨 것을 들 수 있다. 도일재, 표상수, 박희락, 「효과기반 작전(EBO)의 한국적 적용 방안」, (서울: 방위사업청, 2005), pp.23-25, 효과기반작전에 대해 구체적으로 고찰한 대표적인 연구물에 대해서는 David A. Deptula, *Effects-Based Operations: Change in the Nature of Warfare* (Virginia: Aerospace Education Foundation, 2001)를 참조.

Cycle)를 고려한 무기체계의 운용이 요구된다.

이를 위해 선진국을 비롯한 우리 군도 무기체계 획득 시에 '종합군수지원(ILS: Integrated Logistics Support)'을 적용하고 있다. ILS 업무수행 중 여러 활동이 있지만 무기체계의 전수명주 기간 주 장비에 대한 군수지원체계를 구축하는 데 있어 비용을 최적화시키는 동시에 지속적인 군수지원 이루어질 수 있도록 하는 활동이 '군수지원분석(LSA: Logistics Support Analysis)'인데, 이는 ILS의 실체적 활동이라 할 수 있다.

LSA는 '모델링 및 시뮬레이션 기법(M&S: Modeling & Simulation)'을 적용하여 공학적으로 분석하고 있다. 지금까지 많은 논문 및 보고서들[3])에서는 최적의 M&S 모델 개발을 통한 최적의 결과를 산정하는 데 주로 초점을 두었다.[4]) 그러나 M&S 모델에서 적용하고 있는 가장 기초 자료인 '고장 간 평균시간(MTBF: Mean Time Between Failure)', '수리 간 평균시간(MTTR: Mean Time To Repair)' 등은 한국지형 및 무기체계의 특성을 충분히 고려되어 만들어진 자료가 아니라, 미국, 일본, 영국 등의 선진국에서 수십 년간에 걸친 전투경험 및 장비 운용경험 등을 토대로 구축된 자료들이다. 아무리 좋은 M&S 모델을 만들더라도 특정 국가의 지형 및 무기체계의 특성

---

3) LSA의 M&S 모델과 관련된 대표적인 논문은 최진호, 「군수지원분석 자료처리체계 발전방안 연구」(서울: 국방대학교, 1999), 이덕영, 「PRICE -HL 모델을 이용한 CSP 소요측정에 관한 연구」(서울: 국방대학교, 2002) 등이 있고 보고서는 김성호, 임정묵, 「LSA 프로세스 / 데이터 모델링 및 자료처리 기법 획득」(국방과학연구소: 대전, 2003), 임정묵 등 5인, 「통합 DB기반의 LSA 기법 개발」(국방과학연구소: 대전, 2005) 등이 있다.
4) LSA에 적용되는 M&S 모델은 신뢰도를 분석하는 Relex, LSA 자료관리 모델인 LOADERS, CSP 소요산정 모델인 OASIS, 수리수준분석 모델인 ROLA, 정비계단선정 모델인 WISEMAN 등으로 모델의 계발과 적용기법에 대해 연구가 주로 이루어지고 있다.

이 고려되지 않을 경우에는 신뢰성이 떨어지기 마련이다.

따라서 이를 보완하기 위해서는 우리 군의 환경에 적합한 기초자료를 구축하여 활용해야 한다. 그러나 이와 같은 기초자료는 단시간에 만들어지는 것이 아니라 충분한 조직과 제도하에서 수십 년간 축척된 자료를 통해서만 가능하다.

우리 군의 환경에 적합한 기초자료를 획득하는 가장 좋은 방안 가운데 하나는 야전에서 운용 중인 장비의 실 운용실적을 획득하는 것이다. LSA를 통해 예측된 자료와 실제 야전에서 운용된 자료를 비교, 예측 자료를 최신화시켜 차기 전력화 장비에 이를 '환류(Feed Back)'시켜 적용함으로써 신뢰성 있는 장비를 획득할 수 있게 되는 것이다.

이와 같은 야전자료를 수집하기 위해서 최근에 업체 중심의 야전운용제원 수집체계를 시행하고 있다. 그러나 이는 군의 특성이 제대로 반영되고 있지 않고 있다. 왜냐하면 업체에서는 자료를 수집하는 프로그램을 편성부대에 설치하고 야전부대 실무자로 하여금 정비 소요 및 기타 사항을 프로그램에 입력도록 한다. 해당 업체는 분기 또는 반기 단위로 자료를 회수, 분석하여 야전 기초자료를 구축하는 실정이다. 이런 자료는 업체입장에서 작성되고 야전실무자들의 제원수집에 대한 관심이 부족하기에 신뢰성이 낮을 수밖에 없다. 또한 ILS 업무상 운용유지에 대한 부분은 소요군에 의해 이루어지는데 소요군에 야전운용제원을 수집할 수 있는 체계나 조직이 없어서 정확한 야전운용제원을 수집하는 것이 제한된다.

이와 같은 맥락에서 본 저서는 현재 미군 및 우리 군에서 적용하고 있는 야전운용제원 수집체계와 '동시조달수리부속(CSP: Concurrent Spare Parts)' 야전운용제원 수집체계를 활용한 CSP 소요산정에 대해 고찰함으로써 현재의 야전운용제원 수집체계의 문제점과 발전방안에 대해 제시하였다. 이를 통해 ILS의 중요성을 인식하고 ILS 업무의 신뢰성을 증대시키는 도움이 될 것이다.


## 보충설명

# EBO 구현을 위한 한국군의 전력증가 우선 추진과제


첫째, 조기경보기와 첩보 위성 및 전자전(EW) 수집체계를 빠른 시일 내에 확보해야 한다. 주한미군의 도움이 아닌 한국군 자체 정보수집 능력을 확보하는 것이 최우선적 과제라 할 수 있으며, 영상정찰뿐만 아니라, 전자정찰능력도 갖출 수 있도록 노력해야 한다. 공중, 우주전력이 적체계로부터 방해받지 않고 접근하여 작전을 펼치는 눈에 보이지 않는 '전자전(EW) 환경하에서 EBO를 수행하기 위해서는, 전자전 무기체계를 반드시 갖추어야 한다.'[5] 사실 조기경보기, 첩보위성, 전자전 수집체계 가운데 어느 하나라도 구비하지 못한다면 EBO를 수행하는 것이 어렵게 된다. 이런 점에서 우리 군이 독자 위성통신망 구축[6]과 더불어 전자전 수집자산(예: EA −

---

5) 사실 적의 레이더를 기만하고 즉각 공세적인 방법으로 전환해 적의 레이더를 무기력화시킬 충분한 에너지를 가지고 적 수신기를 파괴하거나 전자적으로 구성품을 파손시키는 전자전 무기체계는 다른 항공 무기체계의 생존성을 높이는 데도 대단히 유용한 자산이다. 현재 미국에서 개발되고 있는 새로운 차세대 전자전 장비를 구체적으로 논의한 글에 대해서는, 월간항공 편집부, "새로운 차세대 전자전 장비", 「월간항공」(2005년 2월), pp.56−58을 참조.

6) 2007년 12월 4일, ADD는 1996년부터 시작된 군 위성통신체계 개발이 최근 완료돼 음성과 문자, 영상을 전달하는 군의 무선통신 영역이 현재 100㎞에서 1만 2,000㎞로 넓어졌다고 밝혔다. 개발성공으로 인해 앞으로 우리 군은 전장정보를 실시간으로 공유하고 통합지휘할 수 있어 군사작전을 과거보다 더 효율적으로 수행할 수 있게 되었다. 자세한 내용에 대해서는, 「동아일보」, 2007년 12월 5일(인터넷판) 참조, 그리고 선진국의 군 위성통신 발전 추세 및 한국의 위성통신 개발현황에 관해

6B, EA-18G Growler 등)을 빠른 시일 내에 확보하는 것이 대단히 중요한 전력증가 추진과제 가운데 하나인 것이다.

둘째, 전파체계, 특히 정보전파와 전자정보 전파, 지휘통제 수단을 조속히 구축해야 한다. 특히, 수집된 전자정보의 실시간 분석과 전파체계의 구축은 대단히 중요한데, 그것의 핵심이 바로 '데이트 링크' 체계이다. 각 군이 정보공유를 위해 데이터 링크를 이용하면, 인공위성 자료, 무인정찰기, 방공관제 등의 센서자료를 실시간으로 지휘체계에 제공하고 지휘체계는 이를 분석하여 가용한 전력에 명령과 필요한 정보를 제공할 수 있게 된다. 또한 가용한 전력은 지휘관이 보는 전장상황을 동시에 보게 되며, 링크체계를 이용한 무장도 사용할 수 있게 된다. 이러한 데이터 링크체계를 제대로 구축하기 위해서는, 그 무엇보다도 그것이 연합작전 차원, 합동작전 차원, 각 군의 독자작전 차원에 필요한 요구사항이 무엇인지를 명확히 분석해 '운용개념'을 정립한 후, 구축을 시도해야 한다는 점이다. 예를 들어 미군 및 나토와 연합작전을 고려한다면, 당연히 링크 16체계와의 호환이 우선되어야 하며, 만약 우리 군에서 데이터 링크 16체계를 조기경보기에 채택했다면, 다른 무기체계도 링크 16 체계로 가야 하고 각 군의 C4I 체계, 그리고 더 나아가 육군의 보병 단말기도 링크 16으로 갈 수 있도록, 하향식으로 전체적인 흐름을 연계하여 체계구축을 시도해야 하는 것이다.[7] 그러나 우리 군의

---

구체적으로 논의한 글은, 한서우, "군 위성통신 발전방향", 「국방과학기술플러스」(2007년 11월 15일), Vol.47을 참조.

7) 국방중기계획에 따라 도입되는 E-X, F-15K, SAM-X, 해군의 KDX-3 등의 무기체계는 링크 16으로 이미 도입되었거나 조만간 도입도리 예정에 있다. 이것은 현재 우리 공군의 MCRC(Master Control Reporting Center: 중앙방공관제도)체계를 링크 11이 아닌, 링크 16체계로 바꾸어야 하는 주된 이유가 되는 것이다. EBO를 제대로 수행하기 위해서는 핵심센서인 MCRC에 링크 16 체계 구축을 지연시켜서는 안 되는 것이다. 한국군 데이터 링크 현대화 진행사안에 대해서는, 김상순, "'한국군

경우에는 각 군이 제각기 C4I 사업을 추진하고 있다. 한마디로 네트워크 체계에 대한 구체적인 통일이 필요한데, 제각기 특유의 체계로 가고 있는 것이다. 이로 인해 NCW 대비 국방통합 C4I 체계의 통합성·상호 운용성 강화를 위한 체계구축이 이루어지지 않고 있다. 이 문제를 해결하기 위해서는 앞으로 국방부 차원에서 각 군 간 합동 및 연합차원의 상호 운용성을 고려한 '하향식' C4I 계획을 수립해야 한다. 이를 위해서는 국방장관 직속 정보화 사령탑을 신설할 필요가 있다. 그리고 합동주특기 제도 시행 및 합동 주특기에 의한 C4I 정책을 추진해 나가고, 또 국방장관 직속하 '합동성 검증위원회'를 구성해 C4I 정책을 실행해야 하며, 그리고 C4I 구축·완성 시를 대비, 군 자제 전문 인력을 지금부터 확보해 나가는 노력을 기울여 나가야 할 것이다.

셋째, 중·장거리 정밀유도무기, 즉 레이저 유도, GPS 유도, 영상유동에 의한 정밀 고효율의 타격체계를 확보해야 한다. 레이저 유도폭탄은 실전에서 사용 중인 정밀유도무기로서 '핀－포인트(Pin－Point)' 공격의 대표적인 폭탄이다. 그것은 LANTIRN(Low－Altitude Navigation Targeting Infrared for Night: 유도폭탄유닛) 계열, 즉 GBU－84 BLU－109(관통형)에 관성항법장치와 GPS 유도장치를 결합시킴으로써 24㎞의 원격위치에서 투발하여 50%의 확률로 표적중심에서 13m 이내에 낙하한다. INS 유도만으로도 30m 이내에 착탄한다.[8)]

넷째, 우리 군의 국방획득 및 조달체계, 그리고 방위산업 연구개발정책을 대폭 개선해야 한다. EBO에 따른 사업의 우선순위를 설

---

데이터링크 현대화' 어떻게 진행되고 있나", 「월간항공」(2006년 6월), pp.56－61 내용을 참조.

8) 김형욱·김종하·김성형, "방산기술 국산활르 통한 방산물자 해외수출 활성화 방안", 「방위사업 정책연구」, 방위사업진흥회, 2004년도 정책연구보고서, p.22.

정, 무기체계를 획득하고, 또 방위사업 연구개발도 소모전 위주의 하드웨어에 초점을 두는 것이 아닌, 신속결정작전을 수행하는 수단으로서의 EBO를 효과적으로 지원할 수 있는 소프트웨어를 연구개발하는 데 더 많은 가치를 두는 방향으로 정책을 수립, 집행해 나가야 한다. 현대의 무기체계는 하드웨어와 소프트웨어가 결합된 형태로 개발되지만, 사실 소프트웨어가 무기체계 전체의 품질을 좌우하는 핵심요소이며, 성능의 결정적 요소이다.[9] 특히, 항공무기체계의 경우, 시간이 가면, 갈수록 소프트웨어 중심의 설계로 발전하고 있다(〈표 2〉 참조). 실제로 몇 분 이내에 표적을 탐지해 파괴하는 능력의 가장 기초가 바로 자동화 소프트웨어기술인 것이다.[10] 그리고 미 의회에서 네트워크 구조, 위성, 무선주파수 대역, 무인항공기, 컴퓨터 처리칩, 나노기술, 소프트웨어 등을 제시하고 있는데, 현재 미군의 경우 가장 해결하기 어려운 기술적 문제 중 하나로 주파수 대역을 들고 있다. 앞으로 점점 더 많은 부대가 네트워크로 연결되어 위성을 통해 교신하고자 하기 때문에 주파수 소요가 급증할 것이지만, 현재의 기술로는 충분한 주파수를 공급하기 쉽지 않다는 것이다. 2010년경 수요에 비하여 가용한 주파수 대역은 10분의 1에 불과하다.[11] 한국의 경우, 20분의 1 혹은 30분의 1에 불과한 수준으로 추정되고 있다.

---

9) 방위사업청, 「무기체계 내장형 소프트웨어 획득관리 어떻게 해야 하는가?」(서울: 방위사업청, 2007), p.14.
10) 월간항공 편집부, "네트워크 중심전에 중요한 자동화 소프트웨어", 「월간항공」(2004년 6월), pp.30 – 33.
11) 김종하, "장미빛 자주국방 중기계획", 「세계일보」, 2006년 7월 14일.

〈표 2〉 무기체계 내장형 소프트웨어의 비중

| 무기체계 | 연 도 | 소프트웨어에 의해 작동되는 기능(%) |
|---|---|---|
| F-4 | 1960 | 8 |
| A-7 | 1964 | 10 |
| F-111 | 1970 | 20 |
| F-15 | 1975 | 35 |
| F-16 | 1982 | 45 |
| B-2 | 1990 | 65 |
| F-22 | 2000 | 80 |

출처: 이경재, 「획득기획의 이론과 실제」(서울: 대한출판사, 2007), p.157.

　지금까지 EBO를 실행하기 위해 제시된 위의 네 가지 우선 추진 과제들은 주로 EBO 수행에 요구되는 무기체계의 기술적 차원에 초점을 둔 것이다. 그러나 사실 EBO의 성공적인 수행은 세련된 소프트웨어 및 하드웨어 체계의 획득 이상을 요구한다. 전쟁을 도구화하기 위한 모든 인간의 노력에도 불구하고, 클라우제비츠가 사용한 '마찰과 안개'라는 은유는 '불확실성'의 불가피함을 보여주는 것으로, 그것은 분쟁에서 군인들이 필연적으로 직면하게 될 수밖에 없는 문제인 것이다. 전쟁은 불확실의 안개 속에 있다. 그래서 직관적인 이성을 통해 진리를 감지하려면 섬세하고 날카로운 지적인 힘이 필요한 것이다.[12] 특히 전투행위와 같은 극도의 긴장하에서 시의적절한 결정을 내리는 것은 결국 지휘관의 '직관(intuition)'과 '추론(reasoning)' 결합을 요구한다.[13]

---

12) 보스턴컨설팅 서울사무소 옮김, 「전쟁과 경영」(서울: 21세기 북스, 2001), p.70; 이 책의 원 제목은, Tiha von Ghyczy, Bolko von Oetinger, and Christopher Bassford, *Clausewitz on Strategy*(The Boston Consulting Group, Inc., 2001).

13) 직관과 추론의 결합을 '전투지혜(Battle-Wise)'라는 개념으로 설명하는 글에 대해서는, David C. Gompert, Irving Lachow, and Justin Perkins,

첨단군사기술이 제공하는 EBO를 성공적으로 차질 없이 수행해 나갈 수 있는 능력을 제대로 갖추기 위해서는 실전과 다름없는 과학화된 전투훈련[14] 및 전문 군사교육이 대단히 중요한 것이다.[15] 어찌 보면 이것은 위에서 언급한 EBO 관련 무기체계의 기술적 측면의 추진과제들보다 더 중요한 과제라 할 수 있을 것이다. 확실히 EBO는 효과적으로 전투의 역동성을 통제하기 위해 의사결정의 루프 속에서 교육받고 훈련받는 전사들을 요구한다.

결론적으로 EBO의 성공은 기술적 장치의 배열뿐만 아니라, 전장공간에서 혼란(동)을 잘 다스릴 능력이 있는 잘 훈련받고 지식력이 있는 전사들에 의한 다차원적인 기술을 요구하는 것이다. 이런 점에서 EBO는 'Ph. D. 수준의 전쟁수행방식'과 동등한 것이라 할 수 있는 것이다.[16]

출처: 김종하, 「미래전, 국방개혁 그리고 획득전략」

(서울: 북코리아, 2008, pp.339－345.)

---

*Battle －Wise: Seeking Time －Information Superiority in Networked Warefare*(NDU, 2006)을 참조.

14) 현재 우리 육군 보병대대의 경우, 과학화 전투훈련장에서 훈련을 받을 수 있는 기회가 8년 6개월(대략 9년)에 1회 정도밖에 되지 않는다. 따라서 빠른 시일 내에 현재의 훈련장 규모를 연대급(16㎞ × 14㎞)으로 확장해서 지휘관들이 1회 이상 실 전투훈련을 경험할 수 있도록 해야 한다. 과학화 전투훈련장의 구체적인 기대효과에 대해서는 김종하, "연대급 과학화 전투훈련장의 기대효과", 「국방일보」, 2006년 11월 15일자 참조.

15) 사실 EBO 모델에 사용할 데이터는 역사적 사실, 실제의 작전, 훈련 및 연습, 게임, 가상현실 시뮬레이션, 실험실 및 야전에서의 전투실험 등을 수집된 자료를 분석하고 평가하여 축적하는 것이다. 서정해, "효과중심작전(EBO) 모델 소개", 「주간국방논단」(2002년 6월 14일), 제889호(02－18), p.11.

16) Greg Mille, "New War, Fresh Tactics …… and Old Lessons", Strait Times, 27 March 2003.

# 종합군수지원(ILS)

# 1. ILS 개념

## 1) ILS의 정의

'종합군수지원(ILS: Integrated Logistics Support)'은 장비의 효율적이고 효과적인 군수지원을 보장하기 위하여 무기체계의 소요제기 시부터 설계, 개발, 획득, 운영 및 폐기 시까지, 소위 요람에서 무덤까지의 전 과정에 걸쳐 제반 군수지원요소를 전력화하기 위한 종합적인 관리활동을 말한다.[17]

여기서 종합(Integrated)이란 것은 무기체계의 설계, 개발, 획득과정에서의 군수지원에 관한 업무를 주 장비 획득과 동시에 이루어지도록 관리함으로써 군수지원의 적시성을 보장하면서도 군수지원 요소별 업무를 기능적으로 종합하여 추진한다는 의미이다.

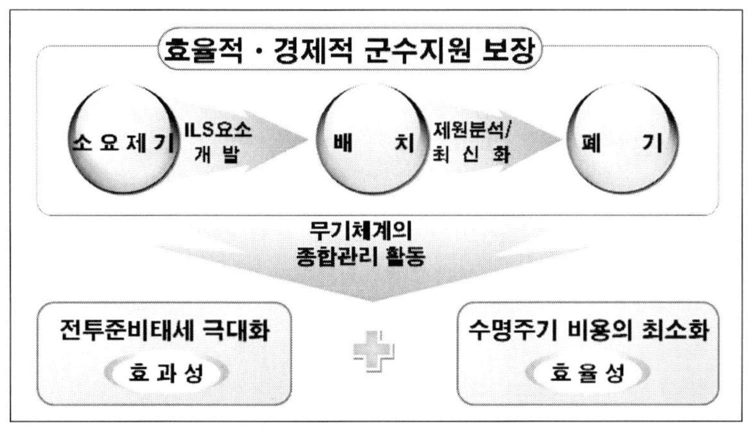


〈그림 1〉 ILS의 개념

---

17) 국방부, 훈령 제875호, 「국방전력발전업무규정」(서울: 국방부, 2008), p.218.

<그림 1>에서 보는 바와 같이 ILS는 무기체계의 소요요청 시부터 시작하여 설계, 개발, 획득, 야전배치, 그리고 전력화 평가를 통해 미비사항을 지속적으로 보완하고 조치한다. 야전 배치하여 운용 중에는 경험제원을 수집 및 분석하여 그 결과를 개발기관에 환류시켜 개발제원을 최신제원으로 수정·보완하도록 하고, 차기 무기체계 개발에 활용토록 하는 것이다. 이를 통해서 수명주기 간 필요한 제반 군수지원요소를 획득하고 유지하며, 장비의 성능보장으로 전투준비 태세를 극대화할 수 있고 수명주기비용을 최소화할 수 있게 되는 것이다.

이러한 ILS 정의 속에는 다음과 같은 의미가 함축되어 있다.

첫째, 성능유지이다. 이것은 무기체계에 부여된 성능을 지속적으로 실현할 수 있도록 보장하는 것이다. 이를 위해서는 장비의 불가동시간을 최소화하여 가동시간을 증가시키는 것이다.

둘째, 경제적인 군수지원이다. 이것은 수명주기 비용 특히, 경상운영비를 최소화하는 것으로, 주장비의 획득(설계) 시 군수지원 소요의 최소화 반영과 장비 운용 시 군수지원요소를 최소로 유지하는 것이다.

셋째, 효율적·효과적인 무기체계 획득을 위해 ILS 원칙을 적용하는 것이다. 이를 위해서 주 장비 성능과 군수지원의 보완적 발전, 군수지원요소 상호 간 유기적인 통합, 군수지원요소 획득과 배치 업무의 동시적 수행, 군수지원요소 획득과 운용의 순환체계를 유지하는 것이다.


## 2) ILS의 원칙

ILS 수행에는 다음과 같은 몇 가지 원칙이 적용된다.

첫째, 무기체계의 설계·개발 및 획득 과정에서 ILS 요소가 주

장비 사업추진과 같이 이루어지도록 관리하여 무기체계 수명주기간 ILS의 적시성과 지속성이 보장되어야 한다.

둘째, ILS은 주 장비에 요구되는 군수지원 소요를 정립하고 군수지원요소를 개발 획득한다.

셋째, 주 장비 및 지원장비의 표준화와 호환성을 유지하고, 가급적 현 지원체제를 활용할 수 있도록 개발하여 운영유지비의 최소화로 경제적인 군수지원이 보장되어야 한다.

넷째, 야전배치 시 제공된 개발제원은 장비운용 기간 중 경험제원을 수집·분석하여 최신제원으로 정립하고, 차기 무기체계 개발에 활용해야 한다.[18]

## 2. ILS의 발전경과

### 1) ILS 출현 배경

1960년대 초 미군은 냉전체제하에서 핵 보유자체가 실직적인 군사력의 실체가 될 수 없음을 인식하고, 재래식 무기의 전략적, 전술적 가치의 재평가와 정밀무기체계 개발에 박차를 가하기 시작하였다.

그러나 세계를 상대로 한 방대한 장비소요와 투자비 증대, 최신의 과학기술 응용에 따른 장비의 정밀성과 복잡성으로 인하여 더 이상 주 장비 위주의 개발만을 추구할 수 없게 되었고, 무기체계 개발의 통합적 관리가 강조되었다. 그래서 1964년 미 국방성(DOD: Department Of Defense)에서 최초로 ILS 제도를 적용하였다. 이후 ILS 업무의 지속적인 발전이 이루어져 왔다. 〈표 1〉은 그러한 발

---

18) 방위사업청, 훈령 제65호, 「방위사업관리규정」(서울: 방위사업청, 2007), p.130.

전 과정을 간략히 보여주고 있다.

<표 1> 미군의 ILS 발전 과정

| 구 분 | 내 용 |
| --- | --- |
| 1964년<br>(미 국방성) | ILS는 시스템의 수명주기를 통하여 시스템에 대한 효과적이고 경제적인 지원을 보장하는 데 필요한 모든 군수 고려사항의 합성물이다. |
| 1975년<br>(미 육군) | ILS는 군수 고려사항을 설계단계에서 반영하고 종합하며 군수지원체계의 모든 요소를 기획, 획득, 시험하는 과정이다. |
| 1981년<br>(미 국방성) | ILS는 운용 및 물자소요와 설계 규격서에 영향을 미치는 요소, 그리고 주 장비 설계 개념과 일치하는 최적의 군수지원요소 판단, 요구되는 군수지원요소를 최저 비용으로 개발, 운용 기간 중 주 장비 및 군수지원체제의 수명주기 비용 감소와 전투준비태세의 개선, 무기체계의 유효 수명주기 중 인력 및 군수소요의 검토 등과 같은 업무에 요구되는 관리기술 활동을 통합하여 반복적으로 관리하는 접근방법이다. |
| 2000년<br>(미 국방훈령) | ILS는 야전소요 및 설계에 영향을 미치는 지원사항의 소요판단 및 설계, 상호 간 관련된 지원사항 규정, 각종 군수자원 소요획득, 최소비용으로 운용단계 간 요구되는 자원의 제공 등과 같은 업무에 관련된 기법, 제반 기술 활동을 통합하고 반복하는 접근방법이다. |

출처: 육군본부, 「종합군수지원 개발업무지침서」(대전: 육군본부, 2005), p.17.

## 2) 한국군의 ILS 발전 과정

1960년대까지는 미국으로부터 장비를 직도입하던 시대로서 군수지원상 특별한 문제점이 없었다. 1978년 '국산장비 야전운용 실태조사'에서 육군의 방위력 개선사업이 수많은 군수지원 문제를 야기하고, 막대한 국방예산의 낭비를 초래하게 되어 ILS 제도 적용의 필요성이 제기되었다.[19] 이후 1980년대 초 ILS의 기본개념과 모형을 개발하여 최초로 K-1 전차사업에 적용하였다. 〈표 2〉에서 보는 바와 같이 K-1 전차사업에 ILS 기법을 적용하여 개발을 서둘러 주 장비 획득을 우선적으로 추진하여 야전에 배치하였다. 그러나 이를 지원할 제반 군수지원요소가 미흡하여 장비운용에 많은 제한사항이 발생하였다.

<표 2> K-1 전차 사업 시 ILS 적용

| 구 분 | 내 용 |
|---|---|
| 사업경과 | • 초도배치: 1986년<br>• ILS 개발완료(1부~6부 사업): 1984년~1996년 |
| ILS<br>미흡분야 | • 탐색개발단계 ILS 업무 미실시<br>• 선행개발단계 미 GDLS사에서 ILS 업무전담(한 측 미참여)<br>• 설계변경: 3,121건(양산단계: 728건)<br>• 특수공구 및 시험장비 과다 획득(377종)<br>• 기술교범 수정: 33종, 6,186권, 6회 걸쳐 수정 / 발간<br>※ 초기 ILS 업무 미실시 및 ILS 분석 미흡으로 시행착오 과다, 장비유지 애로 및 비용 과다소요(505억 원) |

출처: 이경재, 「획득기획의 이론과 실제」(서울: 대한출판사, 2007), pp.152-156를 요약.

이러한 문제를 해결하기 위해 1988년에 육군 내 ILS 조직(군수사령부 ILS과, 교육사령부 ILS과)을 편성하였다. 1990년대에 이르러 국방부 차원에서의 국방기획관리제도(PPBEES: Planning, Programming, Budgeting, Execution and Evaluation System)[20] 적용에 힘입어 각종 효율적인 자원관리 및 사전분석 평가활동이 활발하게 추진되었다.

---

19) 유중근, "종합군수지원 11대 요소별 발전방향", 「2007 ILS 업무발전세미나」(대전: 육군본부, 2007), p.5.

20) 국방기획관리제도(PPBEES: Planning, Programming, Budgeting, Execution and Evaluation System)는 국방목표를 설계하고 설계된 국방목표를 달성할 수 있도록 최선의 방법을 선택하여 보다 합리적으로 자원을 배분 운영함으로써 국방의 기능을 극대화시키는 관리 활동이다.

업무규정 면에서도 1992년 6월 ILS 업무규정을 제정하여 훈령 449호를 발행하였으며, 이후 1994년 12월 부분개정(훈련 486호)과 2000년 12월 국방획득관리규정(훈령 676호) 정립에 이어 2008년 국방전력발전업무규정(훈령 875호) 속에 ILS 업무규정을 포함하였다. 이와 같이 ILS 발전에 수많은 노력을 기울인 결과, ILS가 획득업무 선상에 정착되어 가고 있는 단계에까지 이루고 있다.

## 3. ILS와 무기체계의 관계

현대 무기체계는 질 우선의 자본집약형으로 발전됨에 따라 더욱 복잡 다양해지고 있으며, 이에 따라 전력화 지원요소의 비중이 비용 면이나 효과 면에서 상대적으로 증가하고 있다.

전력화 지원요소는 무기체계 획득 시 야전에 동시에 전력화할 수 있도록 발전시켜야 할 군사교리, 부대편성, 교육훈련, 시설 및 무기체계 상호 운용을 위해 필요한 하드웨어·소프트웨어(주파수 확보 포함) 등의 전투발전요소와 효율적이고 경제적인 군수지원 보장을 위한 ILS 요소를 구분한다.

무기체계 획득 과정에서 전력화 지원요소를 소홀하게 취급함으로써 획득된 무기체계의 운용유지 시 전력화 지원요소와 관련된 문제점들이 많이 발생하게 된다. 이로 인해 결과적으로 무기체계의 사용효과가 저하되고, 또 운용유지비용은 과다하게 사용되는 경우가 많이 발생한다.[21]

---

21) 무기체계 개발단계 수명주기비용을 보면, F-16전투기의 경우, 개발 및 전력화 비용이 22%이고 운용유지비용이 78%를 차지하고 있고 M2 전투차량의 경우는 개발 및 전력화 비용이 16%이고, 운용유지비

그래서 〈그림 2〉에서 보는 바와 같이 무기체계 획득 시 주 장비와 전력화 지원요소인 전투발전요소와 ILS 요소를 유기적으로 동시에 발전시켜 획득장비의 즉각적인 전력화를 보장하는 총합체계관리를 이룩해야만 무기체계의 전투력 발휘를 제대로 보장하게 되는 것이다.

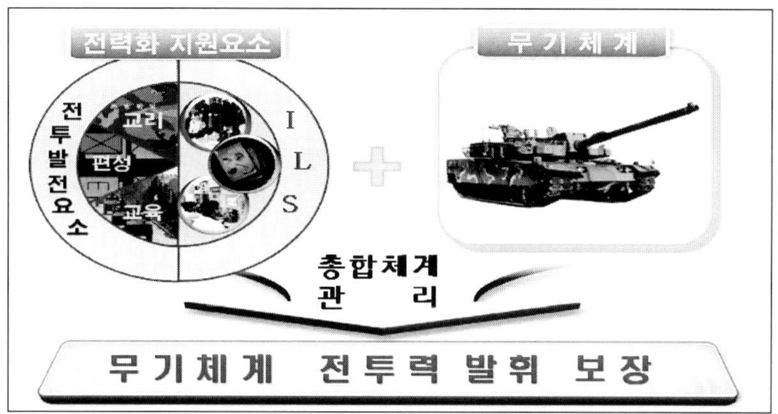


〈그림 2〉 전력화 지원요소와 무기체계의 관계

# 4. ILS와 수명주기비용의 관계

무기체계의 수명주기비용을 결정하는 단계는 〈그림 3〉에서 보는 바와 같이 획득 초기인 선행연구와 탐색개발에서 대부분 결정된다. 결국 수명주기비용의 절감기회는 탐색개발 단계를 지나면서 급속히 감소하게 된다.

---

용이 84%를 차지하고 있다. 주 장비의 개발 및 전력화 비용보다 유지비용이 많이 사용됨을 알 수 있다.
http://www.dtic.mil/pae/paeosg02.html#exb22(검색일: 2008년 5월 26일)

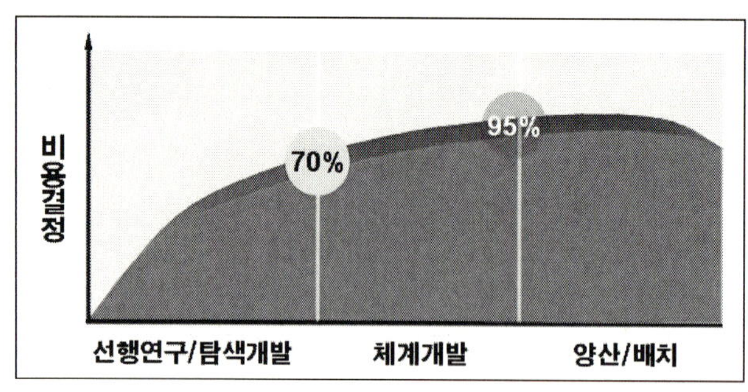



출처: 이상진, 「군수관리와 공학」(서울: 국방대학교, 2004), p.200.

〈그림 3〉 ILS 단계와 수명주기비용 결정 시기와의 관계

또한 〈그림 4〉에서 보는 바와 같이 전체 수명주기비용에서 양산/배치까지의 비용은 전체의 40%에 불과하지만 운용유지비용은 60%나 차지하고 있다.

이처럼 탐색개발 단계로 진입하기 이전에 ILS 요소 개발에 집중적으로 참여하여야만 향후 무기체계 운용 시 수명주기비용을 최적화하는 효율적인 무기체계를 운용하는 것이 가능하게 된다.

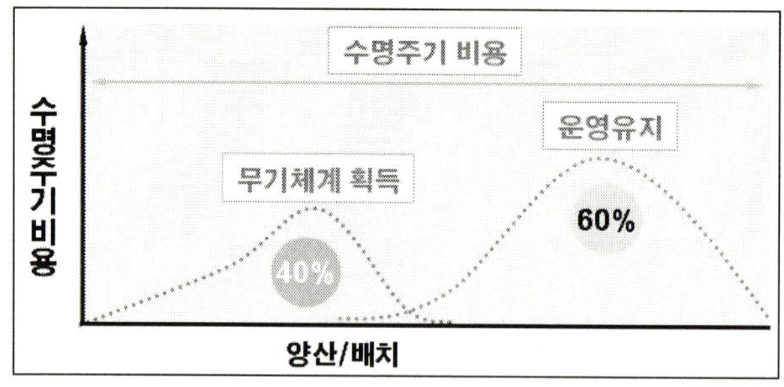



출처: 이재천, 「국방획득군수혁신과 CALS」(서울: 대한출판사, 2005), p.57.

〈그림 4〉 ILS 단계와 수명주기비용과의 관계

소요제기부터 명확한 설계 요구사항을 도출해야만 최적비용을 투입해서 최대의 효과를 산출할 수 있는 체계개발이 가능하게 된다. 초기 설계 요구사항이 명확하지 못할 경우에는 개발목표 변경에 따른 설계비용의 증가와 운용유지 개념 변경에 따른 유지비용의 증가, 개발장비에 대한 품질입증 및 평가의 곤란, 신뢰도 예측 및 분석이 불가능하게 된다. 이러한 예는 〈표 3〉에서 보는 바와 같이 초기에 ILS 분야가 참여하지 못함으로써 K-1 전차의 설계변경이 과다하게 이루어진 것을 보면 잘 알 수 있다. 이러한 설계변경으로 인해 개발비가 505억 원이 추가로 투자되었으며 장비 배치 및 운영 간 장비 유지에 많은 애로사항을 겪었다.

이와 같이 무기체계 획득 초기에 이루어지는 활동들이 전체 무기체계의 성능 및 비용을 좌우하기 때문에 무기체계의 개발과 동시에 ILS가 추진되어야 하는 것이다.

<표 3> K-1 전차 설계변경 현황

| 구 분 | 계 | 초도생산 | 1차 양산 | 2차 양산 | 3차 양산 |
|---|---|---|---|---|---|
| 건 수 | 3,121 | 2,393 | 326 | 366 | 36 |

출처: 이경재, 앞의 책, p.155.

# 5. ILS 11대 요소

ILS 요소는 무기체계 수명주기 간 주 장비를 효율적·효과적으로 운용유지 할 수 있도록 군수지원을 보장해 주는 제반사항이다. 따라서 이것은 무기체계 획득 시 주장비와 병행하여 개발·획득되어야 하고 여기에는 유형적인 요소뿐만 아니라 계획·분석·판단

등과 같은 활동과 제원도 포함된다.

우리 군의 ILS 요소는 1983년 미 육군의 'ILS 제도'에 기초하여 9개 요소를 선정한 이래, 1992년 육군규정 개정 시 13개 요소로 수정하였다가, 1997년 규정 개정 시 11대 요소로 다시 확정하였다. 방위사업법(2006. 1. 2.), 시행령(2006. 2. 28.), 시행규칙(2006. 4. 24.) 제정 시 일부개념을 재정립하여 〈그림 5〉에서 보는 바와 같이 현재의 11대 요소로 확정되었다.[22]

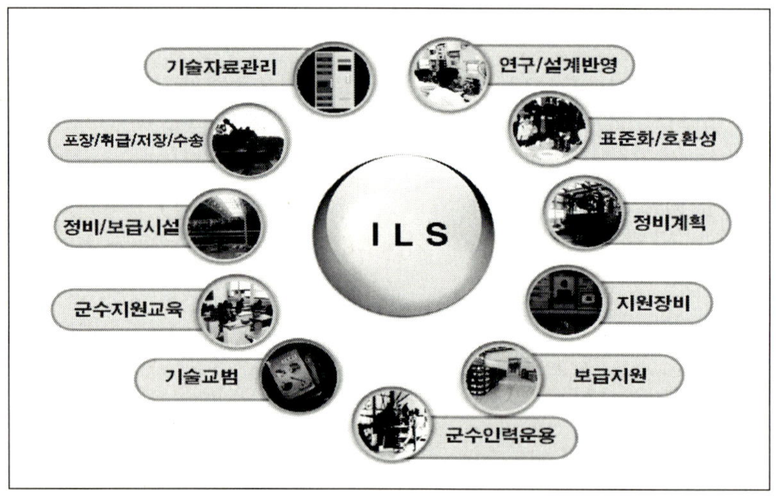


〈그림 5〉 ILS 11대 요소

무기체계의 성능(Performance), 안전(Safety), 경제성, 가용성(Availability) 등이 복합적으로 고려되어 LSA가 수행되고, 이것을 토대로 보급지원, 기술교범, 지원 및 시험장비, 교육 / 훈련, 인력 / 인사 등

---

22) 2005년 이전에는 11대 요소가 연구 / 설계반영, 표준화 / 호환성, 정비지원, 지원 및 시험장비, 보급지원, 인력 및 인사, 교육훈련 및 교보재, 기술자료, 포장 / 취급 / 저장 및 수송, 시설, 군수관리 전산자료 지원 구성이 되었다가, 2006년도에 현재의 11대 요소로 변경되었다.

ILS 요소가 종합적으로 개발된다. 따라서 성공적인 ILS 개발을 위해서는 여러 요소 간의 절충과 최적화를 위한 노력이 요구된다. ILS 11대 요소에 관해서 간략히 알아보면 다음과 같다.

## 1) 연구 및 설계 반영

'연구'는 무기체계 소요제기, 설계, 개발, 획득, 전력화 평가 단계에 이르기까지 무기체계에 대한 최적의 ILS 개념을 형성하고 구체화하기 위해 사전에 관련 자료 및 현상을 검토, 확인하는 활동을 말한다.

연구를 위한 활동에 대해 따로 정해진 기간은 없다. 무기체계에 대한 최적의 군수지원체계를 구축하기 위해 탐색 및 연구를 실시하고, 무기체계 개발단계마다 그 결과를 적절히 반영한다. 장기적인 군수지원 발전 목표에 중점을 두고, 개념적인 연구를 완료하여 무기체계 전력화 후 ILS 관련 문제를 최소화하는 데 목적이 있다.

'설계반영'이란 무기체계의 전 개발단계에서 관련된 모든 요구사항을 주 장비 설계에 반영하는 활동이다. 설계반영 시 유사 무기체계의 제원, 유지비용의 최소화, 운용의 용이성, 인력·시설·장비의 재활용, 통합 및 호환성, 인간공학적인 요소가 반영되어야 한다.

## 2) 표준화 및 호환성

'표준화 및 호환성'은 무기체계 개발 및 획득 시 소요되는 재료, 구성품, 소모품 등에 대해 최대한 공통성을 유지시켜 장비 간의 군수지원이 용이하도록 군수지원 소요를 단순화하는 과정이다. 여기에서 표준화와 호환성이 지나치게 강조되면 무기체계 성능의 진부화를 초래할 가능성이 높다.

### 3) 정비계획

'정비계획'은 무기체계 개발 전 기간 동안 LSA 경험제원 등을 반영하여 신규 무기체계 전력화 시 정비지원의 용이성, 효율성을 보장하기 위한 활동이다. 여기에는 정비개념, 정비할당표(MAC: Maintenance Allocation Chart),[23] 정비대충장비(MF: Maintenance Float),[24] 하자 보증 및 A / S 수행 방법 등이 있다.

### 4) 지원장비

'지원장비'란 주 장비를 운용하고 유지함에 있어 소요되는 모든 부수장비를 말한다. 여기에는 고장 및 예방정비 활동을 위한 공구, 계측기, 교정장비, 성능 측정 및 검사장비 등이 있으며 정비활동에 소요되는 취급장비와 주 장비 임무수행을 위한 장비를 포함한다.

### 5) 보급지원

'보급지원'은 무기체계를 운영, 유지하는 데 필요한 지원물자, 제원 등을 소요판단, 획득, 보급하는 활동이다. 보급지원의 핵심인 초도보급은 신규 전력화된 무기체계의 초기단계(통상 1년) 지원품목

---

23) 정비할당표(MAC: Maintenance Allocation Chart)는 정비근무(검사, 수리, 재상, 교환)에 대한 제대별 사용 공구 및 장비정비시간을 장비별로 작성, 기술교범으로 수록한 정비실무지침서이다.
24) 정비대충장비(MF: Maintenance Float)는 사용 불가능한 상태의 주요 장비에 대하여 지원정비시설에서 적시성 있는 정비가 불가할 때 정비로 인한 공백 기간을 충당하기 위하여 확보하는 장비로서, 즉각적인 전투지원태세를 유지하기 위해 운용되는 여유분의 무기체계(장비)를 말하며, 경제적·효율적 군 운용을 위하여 소요군의 정비정책 등을 고려하여 완성장비에 대한 M / F 및 주요 구성품에 대한 M / F로 구분하여 확보할 수 있다.

소요량을 결정, 획득하는 과정으로 무기체계의 운용가용도에 중요한 영향을 미치기 때문에 정확성이 특별히 요구된다. 여기에는 CSP 및 기본불출품목(BII: Basic Issue Item)[25] 소요산정, 규정휴대량목록(PLL: Prescribed Load List)[26] 및 인가저장목록(ASL: Authorized Storage List)[27] 설정, 정비용 공구 및 공구킷, 유류 및 탄약 소요, 제대별 보급저장수준 설정 등이 포함된다.

## 6) 군수인력운용

'군수인력운용'은 무기체계의 운용유지에 소요되는 인력운용과 관련된 활동이다. 여기에는 장비 운영유지에 필요한 인원 및 주특기 소요, 장비를 정비할 능력보유자 충원, 특수기술 및 위험한 기술에 대한 인원 소요, 비밀취급인가 소요, 인간 공학적 요소를 주장비 설계에 반영 등이 포함된다.

## 7) 군수지원교육

'군수지원교육'은 새로운 무기체계의 전력화 후 효율적인 군수지

---

25) 기본불출품목(BII: Basic Issue Item)은 완제품을 구성하는 부수품, 부수장비, 구성품 결합체와 1계단 정비 부수품, 공구 및 보급품, 예비수리부속품 등을 말한다. 최초 장비보급 시 동시에 보급된다.
26) 규정휴대량목록(PLL: Prescribed Load List)은 편성부대, 독립 중대 및 격리된 파견대에서 장비정비를 위하여 보유해야 할 15일 분의 수리부속과 인가된 특수공구 목록과 수량을 기능별 장비별로 열거해서 수록해 높은 목록을 말한다.
27) 인가저장목록(ASL: Authorized Storage List)은 보급제대에 저장하도록 인가한 인가저장 목록상의 품목으로서, 각급 보급부대에서 현 보급을 지속하고 장차 예측되는 소요를 충당하기 위하여 항상 저장·유지하도록 인가된 보급품목을 말한다.

원을 위하여 정비요원(부대 / 야전)에 대한 교육훈련 계획수립 및 실시, 교육훈련 장비 및 교보재를 개발·획득하는 활동이다. 정비요원에 대한 교육훈련은 신규 무기체계를 운용하기 위한 초도배치 전 교육과 전력화 이후 손실인원을 충당하기 위한 양성교육으로 이루어진다. 교육훈련 및 교보재에서는 교보재 및 교육훈련 SW 소요판단 및 개발획득, 최도배치 전 교육계획 최신화 및 ILS-P 반영, 시험평가요원 교육계획 반영 등이 있다.

## 8) 기술교범

'기술교범'은 무기체계 개발 및 운영유지에 필요한 제반 문서와 자료를 말한다. 여기에는 주 장비, 지원장비, 훈련장비, 수송 및 취급장비, 시설 등의 개발문서와 생산, 시험, 운용, 정비, 비군사화 등에 사용되는 기술자료 등이 포함된다. 기술교범은 주 장비 설계변경, 정비방침의 개정, 군수지원요소의 변경에 따라 갱신된다.

## 9) 포장, 취급, 저장 및 수송

'포장, 취급, 저장 및 수송'은 무기체계의 포장, 취급, 저장 및 수송에 필요한 특성, 요구사항, 제한사항을 판단하여 획득업무에 반영하고 지원하는 활동이다. 이는 주 장비 및 군수지원요소를 경제적이고 안전하게 포장, 취급, 저장, 수송할 수 있도록 제원을 검토하여 설계 및 개발에 반영하며, 안전대책을 강구하는 것이다.

## 10) 정비 및 보급시설

‘정비 및 보급시설’은 무기체계를 정비, 보급하는 데 필요한 모든 부동산과 관련 설비 및 장비를 말한다. 이는 무기체계의 설계가 변경됨에 따라 시설에 대해 설계가 변경되고, 무기체계 배치 전까지 공사가 완료되도록 하는 것이다.

## 11) 기술자료 관리

‘기술자료 관리’란 무기체계의 수명주기를 통하여 관리자가 의사결정 시 필요한 군수관리정보를 제공하는 전산장비 및 제반 프로그램 개발, 운용인력 및 체제구성, 관련된 각종 문서 등의 지원활동이다. 무기체계 개발 및 운영유지 과정을 통하여 ILS 개발자, 관리자에 의해 ILS 요소별, 기능별로 신빙성 있는 제원으로 최신화하여 사용할 수 있도록 하는 것이다.

# 6. ILS 업무수행 절차

ILS 업무는 최초 소요요청에서 시작하여 야전 배치, 운용 및 폐기 시까지 수행된다.

첫째, 소요요청은 소요군으로부터 주 장비에 부합되는 ILS 요소를 확보하여 ‘장기 신규 전력소요제안서’, ‘중기 전력 소요제안서’에 ILS 소요를 반영하는 것이다. 주 장비 및 ILS 소요가 확정되고 난 후 무기체계는 선행 연구를 실시한다. 선행연구단계에서는 ILS 요소의 개략적 개발방향을 결정한다.

둘째, 탐색개발단계로 선행연구에 설정된 방향검토 및 체계개발 시 개발할 ILS요소에 대한 개략범위 및 내용을 결정하고, 필요시 '모형(Mock-Up)' 제작도 할 수 있다.

셋째, 체계개발단계로 주 장비와 ILS 요소를 동시에 개발한다. ILS 요소개발은 운용시험평가(OT & E)[28] 이전까지 완료되고, 연구개발 주관기관(국방과학연구소, 개발업체)은 소요군과 긴밀한 협조하여 ILS 요소가 누락되거나 중복되지 않도록 한다. 체계개발 시에 RAM 분석, LSA 등을 통하여 신뢰성 있는 ILS 11대 요소를 식별하고 이를 개발 및 운용시험평가 시에 입증한다.

넷째, 전력화 시에는 주 장비와 패키지화하여 배치되며 전력화평가[29]와 관리유지능력 분석평가[30]를 통하여 야전 운용에 대한 문제점을 식별하고 보완하여 무기체계의 운용능력을 보장한다. 또한 지속적인 야전운용제원 수집은 차기 전력화 장비에 환류함으로써 효율적인 무기체계의 개발이 되게 하는 것이다.

---

28) 운용시험평가(OT & E: Operational Test & Evaluation)는 소요군이 시제품에 대하여 각종 작전환경 또는 이와 동등한 조건에서 작전운용성능 충족 여부를 확인하고, 교리·편성·교육훈련·ILS 요소 등에 대한 적합성을 평가하는 시험을 말한다.
29) 전력화 평가는 무기체계 초도배치 후 1년 이내에 각종 작전환경하에서의 전술적 운용을 통해 최초 기획단계에서 설정된 작성운용능력 및 전력화 지원요소 등의 달성 정도를 소요군에서 확인·평가하는 것을 말한다. 주관은 분석평가단에서 주관하여 실시한다.
30) 관리유지능력 분석평가는 신규무기체계의 전력화 평가 후 현행 군수지원체계 및 제도하에 2년간의 야전운용상태를 확인하여 관리유지능력분석에 필요한 제원을 수집하여 평가하는 것을 말한다. 주관은 육군군수사령부 ILS과에서 주관하여 실시한다.

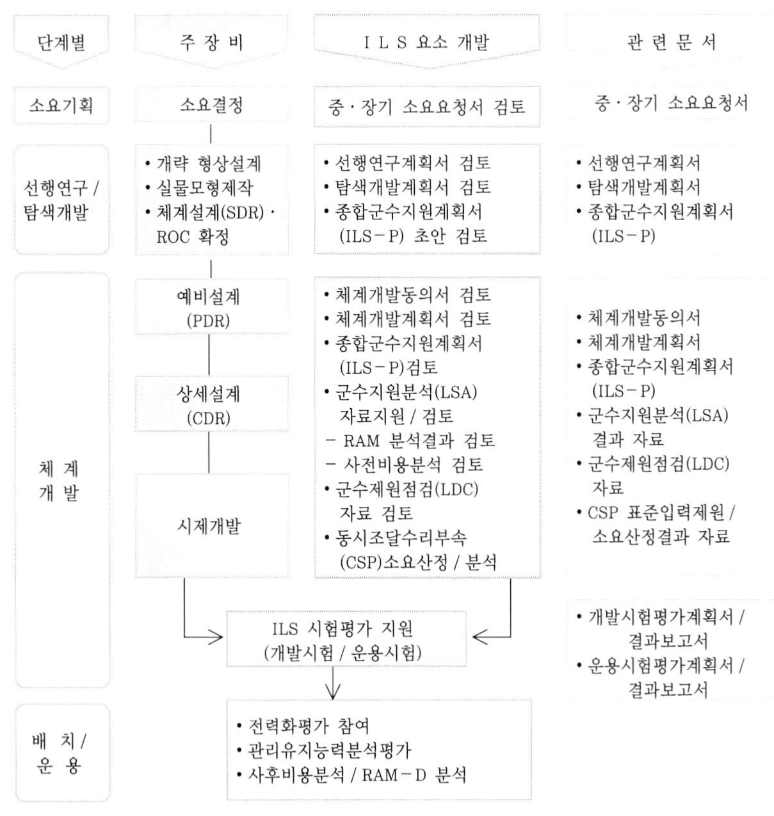


출처: 정용길, 「종합군수지원 이론과 실제」(서울: 북코리아, 2008), p.136.

## 〈그림 6〉 획득단계별 ILS 요소개발 절차도

# 7. 군수지원분석

## 1) 군수지원분석 개념

### (1) 군수지원분석의 정의

'군수지원분석(LSA: Logistic Support Analysis)'이란 무기체계의 수명주기 동안에 걸쳐 군수지원요소를 확인, 분석 및 구체화하는 활동이다.[31] 즉 무기체계 획득관리업무의 전 단계에서 주장비의 지원 체계를 구축하는 데 필요한 정보를 제공하며, 해당 무기체계의 운용유지비용을 최적화시키는 동시에 무기체계 운용 시 지속적인 군수지원이 이루어질 수 있도록 시스템공학(System Engineering)기법을 활용하는 ILS 업무수행의 실체적 활동이다.

### (2) 목 적

무기체계가 획득기간 동안 소요되는 제반 군수지원요소를 최소화하고 장비의 성능 및 효율을 높여 전투준비태세를 극대화하기 위해 LSA를 수행한다. LSA를 통해 지원체계의 군수지원요소를 정량적, 정성적 분석·평가함으로써 다음과 같은 효과를 달성하여야 한다.

- 군수지원요소의 식별 및 개발
- 군수지원소요의 설계반영으로 군수지원소요 최적화
- 설계 과정에서 지원비용을 유발하는 품목과 지원상 문제를 식별, 제거 / 수정함으로써 지원 및 운용유지비의 최소화

---

31) 국방부, 앞의 책, p.184.

(3) **적 용**

　LSA는 무기체계 소요제기부터 폐기 시까지 지속적으로 실시하며, 체계개발 시 중점적으로 실시하여 요소별 소요를 산출한다.

　체계개발에는 자료의 체계적인 정보관리 및 논리적인 정량화가 가능한 통합자료 관리체계(설계도면 및 자료, RAM 등) 기반의 LSA 기법을 적용하며, 설계, 체계종합 및 분석이 체계적으로 실시되도록 한다.

　전력화 평가 이후에는 경험제원과 비교하여 소요를 조정하며, 창정비요소 개발 시에도 LSA를 최적화하여 수행한다. 야전운용 중 획득된 모든 자료는 개발기관에 환류하여 차기 또는 유사 무기체계 개발 시 LSA 자료로 활용한다.

## 2) LSA 절차

　체계개발 전 과정에 집중되는 LSA는 체계적인 정보관리 및 논리적인 정량화가 가능한 군수지원 자료를 계획, 분석, 수정, 보완, 평가, 그리고 구체화하여 〈그림 7〉과 같이 수행된다.

　첫째, LSA를 위한 기본 요구사항 및 기술자료를 수집한다. 여기에는 연간 운용시간, 운용형태종합 및 임무유형(OMS & MP: Operational Mode Summary & Mission Profile)[32] 등을 들 수 있다.

　둘째, 정비 / 보급대상 품목 등과 같은 기술자료를 기초로 LSA

---

[32] 운형형태종합 및 임무유형(OMS & MP: Operational Mode Summary & Mission Profile)는 어떤 무기체계가 미래 전장환경에서 전·평시에 어떻게 사용될 것인가를 무기체계의 필수임무기능에 대하여 체계적이고 정량적으로 표시하는 방법으로 요구임무기능을 평가하는 기준이 되는 무기체계 개발의 가장 핵심이 되는 부분이다.

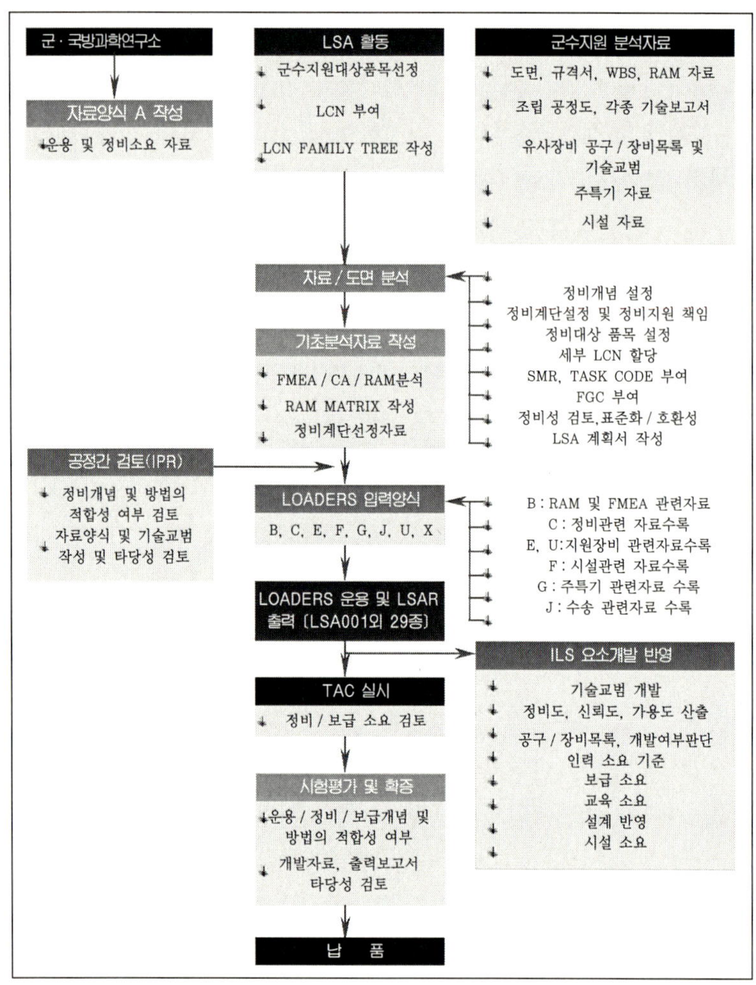


출처: 육군본부, 앞의 책, p.205.

〈그림 7〉 LSA 분석 절차

대상품목을 선정한다. 이렇게 선정된 LSA 대상품목을 대상으로 도면체계를 고려하여 군수지원분석 관리번호(LCN: LSA Control Number)[33] 체계를 부여한다. 또한 LSA 대상품목을 기능적인 분류

---

33) 군수지원분석 관리번호(LCN: LSA Control Number)는 LSA의 편의성

에 따라 기능그룹번호(FGC: Functional Group Code)[34]를 부여한다.

셋째, 분석도면의 하위 구성품을 식별하고 각 구성품별 기능분석을 통해 예방정비 및 고장정비업무를 식별하고 근원정비복구성(SMR: Source, Maintenance and Recoverability Code )부호[35] 및 정비업무부호(Task Code)[36]를 할당한다.

넷째, 고장유형·영향 및 치명도 분석(FMECA: Failure Modes and Effects and Criticality Analysis)[37]으로 무기체계의 성능 요구조건을 달성하는 데 어떤 기술적 위험요소가 있는지 판단하고, 분석대상품목의 고장이 차상위 부품 및 완제품의 체계운용에 미치는 영향을 검토하여 도출된 잠재적인 고장유형에 대한 치명도를 분석한다.

다섯째, 신뢰도 예측으로 FMECA 결과에서 식별된 잠재적 고장유형에 대한 신뢰도 및 고장유형비의 초기 정량적 예측 및 할당작

---

및 자료의 전산처리를 위하여 부여하는 번호이다. 또한 LSA 입력양식을 작성하는 LSA 자료처리체계 및 CSP 산출을 위한 OASIS SW의 분류부호로 사용된다.

34) 기능그룹번호(FGC: Functional Group Code)는 무기체계와 시스템을 기능적으로 분류하고, 기능적 부류에 따라 구성품, 조립체, 부품으로 체계적인 분해를 설정하기 위한 표준색인 시스템을 말한다.

35) 근원정비복구성(SMR: Source, Maintenance and Recoverability Code)부호는 각 품목에 대하여 최고의 성능 상태를 유지하고, 최소의 비용으로 군수지원을 하기 위한 5자리 영문자로 표시하며 보급청구, 정비계단 인가기준, 품목들에 대한 처분지시 내용으로 구성한다. 선정 과정은 소요군, 국방과학연구소 그리고 업체가 협의와 LDC를 통하여 선정한다.

36) 정비업무부호(Task Code)는 분석 중인 특정 품목에 관련된 각각의 정비 및 운용업무를 고유하게 식별하며, 특정조건에 관련된 자료를 종합적으로 표현하기 위한 66개의 자료요소의 묶음이다.

37) 고장유형·영향 및 치명도 분석(FMECA: Failure Modes and Effects and Criticality Analysis)은 무기체계에 발생할 수 있는 고장의 유형을 정의하고 영향을 식별하여 장비 및 사용자에 미치는 치명적인 결과를 정량적으로 분석하는 기법이다.

업이 이루어지고, 식별된 잠재적 고장유형에 대한 정비도 분석결과
인 정비업무내용, 빈도 및 소요시간을 판단한다.

　여섯째, 신뢰도 중심정비(RCM: Reliability Centered Maintenance)
분석[38]으로 FMECA 결과에서 식별된 고장유형에 대하여 신뢰도
중심정비(RCM) 논리를 적용하여 예방정비 업무소요를 판단한다.

　일곱째, FMECA를 통하여 식별된 고장유형에 대한 위험도 분류
와 상대적 치명도 값으로 고위험도 품목 식별하면 비계획 정비업
무와 신뢰도 중심정비(RCM)를 통해 식별된 계획정비에 대한 상세
정비절차, 정비인시, 보급품, 시험장비 및 공구를 식별한다.

　여덟째, 군수제원점검(LDC: Logistic Data Check)으로 분석대상품
목에 대한 LSA 결과를 바탕으로 소요군의 운용 및 정비업무 요구
조건 및 정비업무 소요를 관련 기관과 협의를 통해 타당성을 검토
하는 회의이다. 회의 간 주요 검토사항은 다음과 같다.


- SMR 부호 및 정비업무부호(Task Code) 부여의 적절성
- LCN 번호 부여의 타당성
- 계획정비, 비계획정비에 대한 정비인시 산정의 타당성
- FMECA 품목 및 특수공구 및 시험장비의 타당성
- 표준화 및 호환성에 대한 설계반영 결과
- 신뢰도 요약자료(RAM－Matrix)[39]의 적절성 등

---

38) 신뢰도 중심정비(RCM: Reliability Centered Maintenance)는 체계의 신
　　뢰도 유지에 중점을 둔 정비분석체계로 FMEA 결과를 RCM 논리에
　　적용하여 각 고장유형／품목에 대하여 고장예방을 위한 예방정비 업
　　무의 필요성과 적합성을 분석하여 예방정비 대상품목과 주기를 결정
　　한다.
39) 신뢰도 요약자료(RAM－Matrix)는 분석대상품목의 고장유형별 MTBF,
　　MTTR 등을 요약하여 만든 양식으로 FMECA와 RCM 분석으로 도출
　　된 정비업무를 종합한 자료이다.

군수제원점검(LDC) 회의 시 업체가 제출하는 사업공정 간 검토(IPR: In Process Review)[40]는 LSA 자료입력 및 검색체계(LOADERS − Ⅱ: Logistics Support Analysis Data Entry & Retrieval System − Ⅱ)[41]를 기준으로 〈표 4〉와 같은 양식으로 작성된다. LDC는 LCN 계열별로 실시하거나 체계설계가 완료됨에 따라 여러 번에 걸쳐 실시할 수 있다. 11종의 제출자료 중 램(RAM: Reliability, Availability, Maintainability)[42]입력 자료와 근거자료는 별도의 참고자료 형태로 업체에서 제출한다.

### 〈표 4〉 IPR 자료 목록

| | |
|---|---|
| ① LSA 요약자료 | ⑦ 도면분석자료 |
| ② LCN 계통도(LCN FT) | ⑧ 정비계단 선정자료 |
| ③ 일반분해목록(GBL) | ⑨ 정비업무 분석서 |
| ④ 고장유형 · 영향 치명도분석(FMECA) | ⑩ 램(RAM) 입력자료 |
| ⑤ 신뢰도 중심정비분석(RCM) | ⑪ 램(RAM) 근거자료 |
| ⑥ 신뢰도 요약자료(RAM Matrix) | |

---

40) 사업공정 간 검토(IPR: In Process Review): 수집된 자료를 이용하여 LSA를 위한 관리번호체계와 생산을 위한 부품의 분해도와 도면분석 결과를 기준으로 구성품목에 대한 조립특성 및 정비 특성 판단이 가능하도록 일반분해목록 및 도면분석 목록을 작성한다. 그리고 RCM 결과에 따라 정비성에 대한 설계반영 검토와 보수정비 및 예방정비를 위한 재설계 의견반영, 신뢰도 요약자료 분석 및 정비계단 선정자료를 이용하여 SMR 부호 초기할당 등 정비업무를 분석한다.

41) LSA 자료입력 및 검색체계(LOADERS − Ⅱ: Logistics Support Analysis Data Entry & Retrieval System − Ⅱ)는 LSA 관련 정보를 효과적으로 저장 / 관리 / 검색 / 출력하기 위한 LSA DB이다. 1994년에 LOADERS Ⅰ를 개발하여 활용하였으나 우리 군의 실정에 맞지 않아 운용이 중단되고 2008년부터 LOADERS − Ⅱ를 운용하고 있다.

42) 램(RAM: Reliability, Availability, Maintainability)은 신뢰도(Reliability), 가용도(Availability), 정비도(Maintainability)의 약어로서 체계의 고장빈도, 정비업무량 및 전투준비태세 등을 측정하는 척도로 활용한다.

아홉째, LOADERS-Ⅱ의 입력자료 작성으로 〈표 5〉같이 입력양
식인 X, A, B, C, E, U, F, G, H, J의 10개의 항목특성을 파악하여
자료를 작성·입력한다.

〈표 5〉 LOADERS-Ⅱ 입력양식

| 입력양식 | 입력내용 |
| --- | --- |
| X | 상호기능소요 |
| A | 운용 및 정비소요 |
| B | RAM, FMECA 및 정비도 분석 |
| C | 업무 목록화, 업무분석, 인원 및 지원소요 |
| E | 지원장비 및 훈련장비 소요 |
| U | 시험 중 품목(UUT) 소요 및 설정 |
| F | 시 설 |
| G | 주 특 기 |
| H | 포장 및 보급소요(지원품목) |
| J | 교보재, 수송 |

열 번째, LSA 출력보고서로써 ILS 요소별로 구분하도록 LOADERS
-Ⅱ를 이용하여 〈표 6〉과 같이 출력된다. 체계개발 시 최종 확정
되는 LSA 출력보고서는 총 29종으로 소요군 및 관련 기관과의 협
의를 통해 출력을 결정한다.

〈표 6〉 LSAR 출력자료

| 구 분 | 출력번호 | LSAR 출력 |
| --- | --- | --- |
| 연구 및 설계반영 | LSA-050 | RCM 요약 |
| 정비계획 | LSA-004 | 정비할당 요약 |
| | LSA-023 | 정비계획 요약 |
| 보급지원 | LSA-009 | 지원품목 목록 |
| | LSA-151 | 보급품목록 색인 |

| 구 분 | 출력번호 | LSAR 출력 |
|---|---|---|
| 군수인력운용 | LSA－001A | 연간 직접 정비인시 요약 |
| 군수지원교육 | LSA－011 | 특수훈련 설비 소요 |
| | LSA－014 | 훈련업무 목록 |

## 3) 미군의 LSA 발전 과정

### (1) LSA 적용 발전 과정

미군은 LSA을 위한 국방표준으로 1973년부터 파일처리방식의
MIL－STD－1388－2를 개발하여 적용하였다. 이후 1983년에는 군
수 및 무기체계 획득과 관련된 모든 활동을 통합 관리하기 위한
CALS(Continuous Acquisition & Life－cycle Support)[43] 개발에 필
요한 관계형 DB 관리체계인 MIL－STD－1388－2B를, 그리고 1997
년부터는 통합된 무기체계 DB를 적용한 개체지향 DB 관리체계인
MIL－PRF－49506을 개발하여 적용을 시도하고 있다.

전산처리 기법이 파일, 관계형, 개체지향 DB의 형태로 전환되고
있으며 자료의 수도 점차 감소하는 추세로 발전되고 있어 정보 검
색 및 저장이 편리하고 운용 면에서도 효율적인 환경을 제공하고
있다. 〈표 7〉는 이들 체계 간 주요 차이점을 보여주고 있다.

---

43) CALS(Continuous Acquisition & Life－cycle Support)는 최초에는 획득
조달된 군수품을 각급 부대에서 보급해 주는 차원의 군부대 내에서
군수지원업무를 전산화하는 수준에서 시작하여 획득조달부대까지
확대된 개념으로 발전되었다. 무기체계의 연구개발 및 생산조립업체
까지 확대되어 무기체계 수명주기 동안의 지속적인 지원개념을 발
전되었다. CALS에 대한 대표적인 연구물로는 이재천, 국방획득군수혁
신과 CALS」(서울: 대한출판사, 2005), pp.49－74를 참조.

<표 7> LSA 국방표준 비교

| 시스템<br>특성구분 | MIL-STD-1388-2 | MIL-STD-13882B | MIL-PRF-49506 |
|---|---|---|---|
| 입력자료 | 9종 | 10종<br>(104개의 테이블) | 2종<br>(요약 / 생산지) |
| 출력자료 | 245개 35종 | 518개 48종 | 159개 8종(요약) |
| 전산처리기법 | 파일처리방식 | 관계형 DB | 개체지향 DB |

출처: 최진호, 「군수지원분석자료처리 체계 발전연구」(서울: 국방대학교, 1999), p.30.


(2) MIL-STD-1388-2B

MIL-STD-1388-2B는 1983년 4월 이래로 전 세계적으로 사용하고 있는 LSA의 국방표준이다. 이것은 관계형 DB 자료를 활용하여 입력자료 수를 줄이고 자료접근 및 자료의 관리가 용이하다.

입력테이블은 X, A, B, C, E, U, F, G, H, J 등 10개 영역으로 구분하여 입력하고 출력보고서는 48종을 제공하며 ILS 요소개발을 위한 모든 관련 자료(LSA-001~LSA-155) 포함하고 있다.

LCN를 18자리로 부여하여 대규모의 복합 체계에 대한 계층구조를 적용함으로써 쉽게 식별되도록 구축하였다.


(3) MIL-PRF-49506

MIL-PRF-49506이 등장하게 된 배경은 구소련의 몰락 이후 동서대결의 세계질서가 무너지고 미 국방비의 삭감이 가장 큰 이유라고 할 수 있다. 미군은 국방비의 감축에 따른 대안을 여러 방법을 제시하였다. 그중 군 관련 명세서의 개혁은 민영화 및 아웃소싱 등을 통해 많은 군 관련 명세서와 표준을 줄여서 상업적 유형의 문서로 대체하고 있다.44)

---

44) 미군은 발달된 최신 민간기술의 수용과 경제적 조달을 목적으로 1994년 6월 군사규격에 대한 개혁을 단행하였다. 당시 Perry 장관은 "Management

이에 따라 MIL-PRF-49506은 MIL-STD-1388-2B에서 부록에 수록하였던 관계형 DB에 필요한 LSAR 관련 테이블, LSA 기록보고서에 대한 설명과 내용, LCN 등이 제거하였다. 단순히 저장되어야 할 자료사전만 저장하고 기술, 항목 등도 저장범위 대상을 축소하여 지정하였다.

또한 MIL-PRF-49506은 MIL-STD-1388-2B를 개정한 것이 아니고 계약에서 획득하는 자료 요구방식을 변경하였다. 이는 어떤 규격을 사용하여 어떤 방법으로 획득해야 한다는 세부적인 규정한 방식에서 정부의 요구와 감독을 최소화하였다. 또한 계약자가 체계개발, 정비 및 지원 관련 공학 자료를 설계하는 데 최대한 융통성을 보장하도록 하였다.


### (4) 미군의 LSA 적용 실태

1997년부터 미 국방성은 획득개혁 일환으로 기존의 MIL-STD-1388-2B 체계를 폐지하고 새로운 방식이 MIL-PRF-49506을 적용하려 하였다. 그러나 현재도 여전히 군 및 업체에서는 MIL-STD-1388-2B를 기본방식을 적용하고 있다. 이는 군 및 업체 입장에서 MIL-STD-1388-2B 방식 이외에 군의 요구조건과 업무수행절차에 대해 적용할 수 있는 다른 대안이 없고 이를 적용하더라도 문제가 없기에 기본 골격은 그대로 두고 약간의 기능 추가하

---

the New Way of Doing Business"라는 문서를 통하여 최신 민간기술의 도입과 경제적 조달을 저해하는 상세형 군사규격에 대해 과감한 폐지 및 다른 규격문서로의 전환을 추진하였다. 추진결과, 2001년에는 45,500종의 미 군사규격 및 표준 중 67%에 달하는 상세형 규격이 28%로 감소되었으며 2001년 현재 미 국방부가 사용하는 26,000여 종의 군사규격 및 표준 중 53%가 비정부표준 및 상용품 기술서로 구성되어 있다. 신현인, "국내 성능형 규격적용 활성화 방안", 「국방정책연구」 제62호(2003년 겨울), p.7.

여 적용을 하고 있다. 최근에 미군에서 적용되고 있는 사례는 〈표 8〉과 같다.

〈표 8〉 미군의 무기체계 개발 시 LSA 적용사례

| 기 관 | 적 용 |
|---|---|
| 미 우주항공국 (NASA) | 국제 우주정거장 개발 프로젝트(미국, 캐나다, 일본, 러시아, 유럽 11개국 참여)에 MIL－STD－1388－2B 적용 |
| Raytheon사 | 개발 중인 주요 무기체계(예: 알람 공대공 미사일)에 대해 MIL－STD－1388－2B 적용 |

출처: 임정묵, 김성화, 「LSA 프로세스 / 데이터 모델링 및 자료 처리 기법 획득」(대전: 국방과학연구소, 2003), p.13.

## 4) 우리 군의 LSA 적용

### (1) LSA 체계의 현 실태

미군의 MIL－STD－1388－2B를 기준으로 1995년 LSA 자료입력 및 검색체계로 LOADERS－Ⅰ를 개발하여 국방표준으로 운용하였다. 그러나 국내 ILS 현실이 미반영되고 주 장비의 설계정보를 활용한 효율적인 LSA 업무수행이 제한되었다. 운용 간 주요 제한 사항은 다음과 같다.


- 주 장비 설계정보의 연계활용 곤란
- 군별 / 무기체계별 추가 기능소요 미반영
- UNIX기반으로 PC 환경에서 운용불가
- 출력자료를 ILS용 기술문서 작성에 연계하여 활용하기 곤란
- 각 군 군수 소요정보 출력기능 미흡


그리고 LSA 결과를 활용하여 CSP 소요를 산정하는 모델인 OASIS

(Optimal Allocation of Spares for Initial Support)[45]는 1995년부터 국방표준으로 활용하고 있으나 다음과 같은 제한사항으로 신뢰성이 저하되어 적중률이 떨어졌다.

- 주 장비의 연차별 배치상황 고려 미비
- 개별 정비 / 보급 부대별 소요산출 기능 미흡
- LSA 자료처리 DB와의 연동에 의한 입력자료 생성기능 미비
- 해군 무기체계의 함상수리부속 소요산출 기능 미비

또한 신뢰도자료를 구축하는 RAM 분석 SW인 Relex[46]의 경우에는 주 장비 설계 및 LSA 정보와 미연계, 시뮬레이션, 시험 / 운용 자료 분석 SW들 간의 통합 운용체계 미비 등으로 분석 과정이 비효율적이고 분석결과의 활용이 제한되었다.

LSA를 통해 정비계단을 선정하고 할당하는 수리수준 및 정비계단분석 모델은 무기체계 군수지원비용 절감을 위한 주요 도구이다. 그러나 국내 환경에 적합한 SW 미확보로 수작업 의존하여 최적화가 미흡한 실정이다.

또한 미군의 LSA 국방 표준이 MIL-STD-1388-2B에서 MIL-PRF-49506으로 변경되었다. 따라서 기존의 LSA 방식의 문제점을 해결하기 위한 새로운 LSA 프로세스 모델 연구의 필요성이 대두되었다.

---

45) CSP 소요산정 모델(OASIS: Optimal Allocation of Spares for Intial Support): 신규무기체계 배치 시 3년 동안 수리부속에 대한 재보급 없이 운용유지가 가능하도록 주 장비와 함께 보급되는 CSP의 최적소요량을 산정하는 분석모델이다.
46) RAM 분석을 위한 전문 프로그램으로 RAC에서 개발한 ISO-9001 인증을 획득한 美 국방성 표준 S / W로 현재는 Relex Studio 2006을 운용하고 있다.

(2) SOLOMON **체계**

기존의 LSA체계의 문제점을 해결하기 위해 2002년~2006년간 정부주도하에 32억 원을 투자하여 국방과학연구소에서 신군수지원분석(New LSA) 기법개발을 추진하였다. 개발범위는 다음과 같다.

- 통합 DB를 구축하여 개발단계 간 상호 연동된 S / W 개발
- RAM분석, LSA, CSP 산출, 수리수준 / 정비계단 분석
- 주 장비 설계정보 활용, 실시간 자료 공유 / 생성 / 처리 및 개발
- Windows 환경 적용으로 사용자 편의성 증대 및 작업소요 최소화

최초에는 미군에서 1997년부터 적용하고 있는 MIL – PRF – 49506을 기준으로 개발하려고 하였다. 그러나 미군에서 현재까지 MIL – STD – 13882 – B의 기본방식을 적용하고 있어 우리 군에서도 동일한 개념을 적용하여 '통합군수지원분석모델(SOLOMON: SOftware for LOgistics support analysis MOdels, Next generation)' 체계를 개발하였다.

SOLOMON은 〈그림 8〉과 같이 통합 DB 기반 주 장비 설계정보, LSA / RAM 분석 정보를 통합하고, 분야별 SW 간 프로세스의 유기적 연계를 통해 신속 / 정확한 LSA 수행체계를 구축하기 위한 SW Package이다. 주요 기능은 다음과 같다.

- LSA 데이터 입력, DB 관리 및 기술교범 콘텐츠 생성
  (LOADERS – Ⅱ)
- CSP소요산출(OASIS – Ⅱ) 및 수리수준, 정비계단 분석(LORA)
- RAM 시뮬레이션, RAM 분석 통합, RAM 시험자료처리 S / W
- 응용지원 기능(ILS Event 관리, 전자문서관리, 협업지원 등)

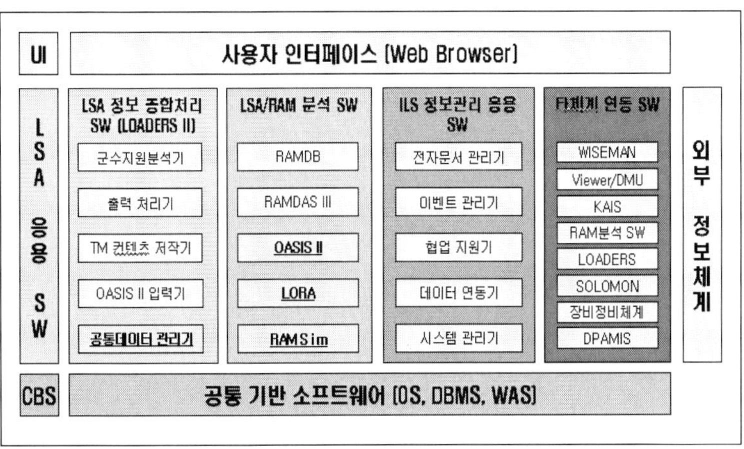


출처: 국방과학연구소, 「군수지원분석 프로그램 운용 교육」
(대전: 국방과학연구소, 2006), p.6.

〈그림 8〉 SOLOMON 체계 구성

SOLOMON의 운용 시 국방기관 내부는 국방망(인트라넷) 및 영내망을 활용하여 운용할 수 있도록 하였다. 서버는 방위사업청에 관리하여 관련 국방기관에게 개방할 수 있도록 하였다.

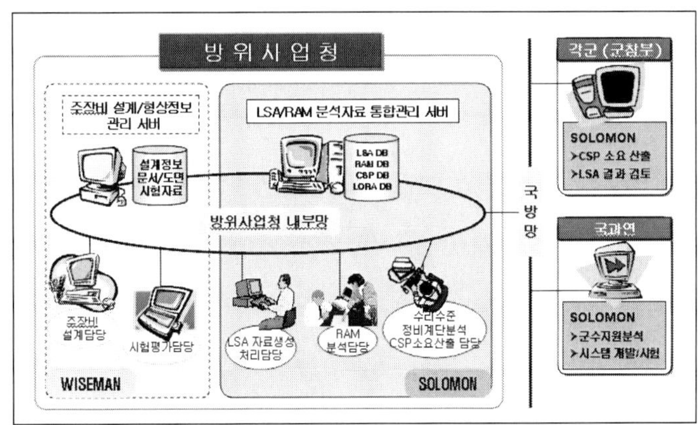


출처: 방위사업청, 「2007 종합군수지원 세미나」(서울: 방위사업청, 2007), p.7.

〈그림 9〉 국방기관 내부 운용개념

외부 운용 시에는 국방기관과 주 계약업체 간에는 OFF-LINE으로 구축되어 필요한 자료를 추출하여 해당 기관에 제공할 수 있도록 하였다. 주 계약업체와 방산업체 간에는 ON-LINE으로 연결하여 필요한 정보와 자료를 고유도록 하였다.

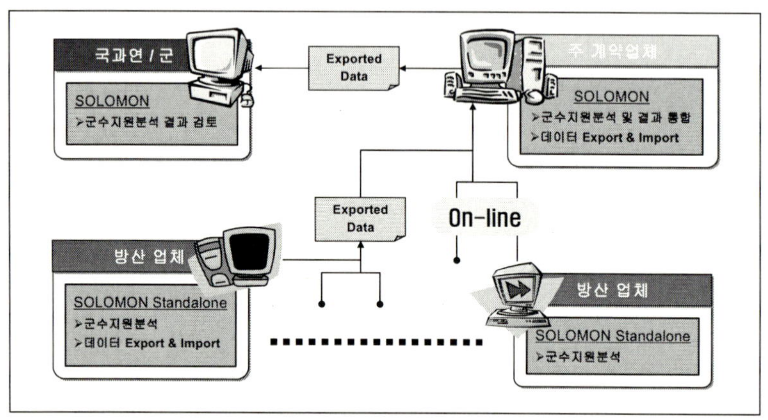


출처: 국방과학연구소, 「군수지원분석 프로그램 운용 교육」
(대전: 국방과학연구소, 2006), p.7.

**〈그림 31〉 국방기관-업체, 업체 간 운용개념**

보충설명

---

# LOADERS Ⅱ

## 1. 정 의

무기체계의 ILS 개발요소의 최적화 과정을 위한 군수지원분석 관련 정보, 즉 설계도면, RAM분석자료, LCN 자료, FMECA, 정비계단 분석자료, RCM 자료 등을 체계적이고 종합적이며 효율적 지원 / 관리하는 최신화된 LSA 데이터베이스 체계이다.

## 2. 국내 군수지원 분석도구 현황

가) 미 표준 MIL－STD－1388－2B를 기준으로 LOADERS 개발 (1994년)

※ LOADERS 체계 문제점

> 정보통신(전산) 기술 환경의 급속한 발전으로 운용환경의 진부화, UNIX 환경으로 운용상 어려움 및 과도한 설비 운용소요 (1 부서당 약 2.5억 원), 미 체계 적용에 따른 개발로 국내 실정과의 괴리, 입, 출력 자료 및 수작업 입력소요가 과다하여 비효율적이다.

나) 2000년 이후, 사업 특성에 맞추어 유사 분석도구(S／W) 개발 및 활용

| SW 명 | 개발 연도 | 운용 환경 | 적 용 사업명 |
|---|---|---|---|
| LOADERS | 1994년 | UNIX | 비호, 천마, K－9자주포, 청상어사업 등 |
| IOTA | 2002년 | WINDOWS | KT1(훈련기) 사업 등 |
| ADPIA | 2001년 | WINDOWS | 신궁, 함대함미사일 사업 등 |
| I－CAST | 2003년 | WINDOWS | 탄운차, 위성통신, 현무, BTCS PIP |
| LOADERS II | | | 차기전차, 서부전자전장비 등 |

# 3. LOADERS Ⅱ 주요 특징

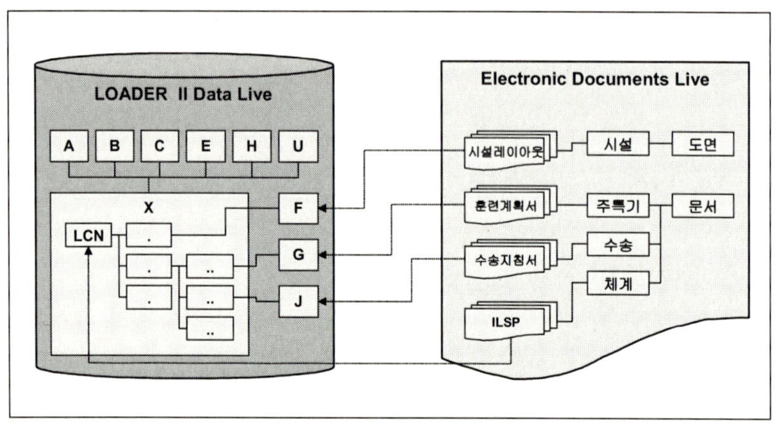



가) 문서 / 도면 관리(EDMS) 기능 및 체계 내 전자메일 기능 제공

나) 엑셀을 이용한 대량의 데이터 입 / 출력 기능: 데이터베이스 관리기

다) 기존 개발 LSAR 데이터의 변환 용이: 레거시 데이터 변환

라) 설계(3D 형상) 검토 기능지원 및 2D 자료와 연계된 형상식별 기능

마) 전자식 기술교범 표준 S / W(KAIS)와 연계: KAIS WP 저작기

바) 통합 DB 환경에서의 동시공학적 업무 프로세스 반영

사) SOLOMON 체계 내 각각의 분석도구 간 DB 공유

아) 타 유사체계 및 관련 S / W 간 호환 / 연동성 강화

자) 웹 기반으로 네트워크를 통한 다수의 업무관련자가 동시 사용 / 관리

# 4. LOADERS Ⅱ 입력기

가. 입력 테이블 및 화면: 업무분석에 따른 입력항목 조정
  1) 기존 LSAR 체계와 호환성 유지
     MIL-STD-1388-2B Table 수용 / DEF STAN 00-06 반영
  2) 분석 모델 관련 자료는 해당 응용 S / W로 이관: OASIS,
     LORA 관련 자료 항목
  3) 시설-F: 시설, 기준 시설소요, 신규 / 개조 시설 설명을 단
     순화
  4) 주특기-G: 주특기, 신규 수정 주특기를 단순화, 교보재 소
     요 추가
  5) 수송-J: 수송, 수송 선적 형태, 수송 대상 완제품을 단순화
  6) 보급-H: 참조부호, 보급 주의사항, 설계변경 정보 등의 내
     용 삭제

| 테 이 블 | 화면 수 | 내 용 |
|---|---|---|
| 상호기능<br>소요(X) | 8 | 완제품정보, LCN정보, 사용성 부호,<br>기술교범정보, 기능적 / 물리적 LCN 연계,<br>CAGE, 임무단계설정 등 |
| 운용 및<br>정비(A) | 4 | 운용소요, 정비소요, 신뢰도 소요, 지원 소요 |
| RAM 특성(B) | 6 | RAM특성, RAM 데이터, 고장유형,<br>RCM, FMECA 등 |
| IPR 자료(K) | 4 | 군수지원분석 요약자료, 도면검토,<br>군수지원 고려사항, 정비계단 선정자료 |
| 정비업무분석(C) | 3 | 정비업무분석, 정비절차 및 소요자원 |

| 테 이 블 | 화면 수 | 내 용 |
|---|---|---|
| 지원장비(E) | 1 | 지원장비 |
| 시험 중<br>품목(U) | 3 | 시험 중 품목, OTP / AID, 시험 중 품목<br>지원장비 |
| 보급지원(H) | 4 | 품목식별, 품목단가, 포장제원, 보급제원 |
| 시설(F), 주특기(G)<br>교보재, 수송(J) | 4 | 시설, 소요 주특기분석, 교보재, 수송 |

## 나. 입력테이블 상호 관계

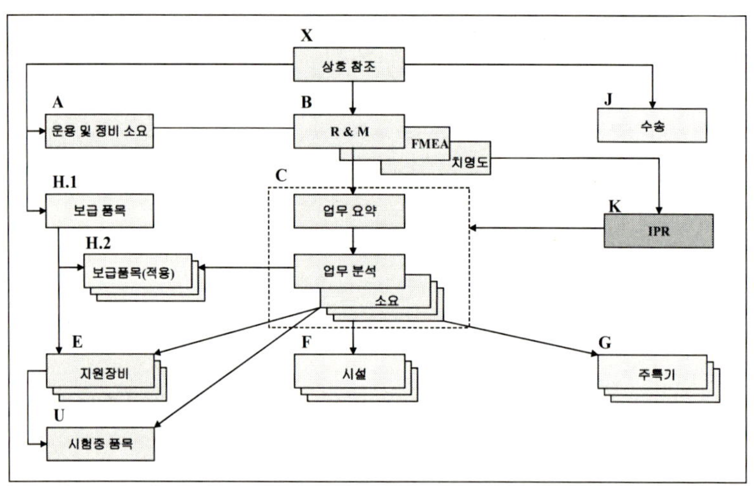

# 5. LOADERS Ⅱ 출력기(출력 테이블)

## 가. IPR 출력 테이블

| 보고서<br>번호 | 보고서 명 | 내 용 |
|---|---|---|
| IPR 001 | LSA<br>요약자료 | • IPR 진행 시 군수지원성 분석을 요약 |
| IPR 002 | LCN F / T | • 군수지원분석용 체계 분류 표시(RAM분석기준) |
| IPR 003 | GBL | • 군수지원분석용 체계 분류 트리 출력(단품 표시) |
| IPR 004 | 도면 분석자료 | • 수리수준 및 정비업무 등의 초기 분석 작업 자료 출력 |
| IPR 005 | FMECA | • 고장유형 및 영향분석 결과 출력 |
| IPR 006 | RCM | • 신뢰도 중심정비 내역 출력 |
| IPR 007 | RAM Matrix | • RAM 인수 및 관련 정비업무를 출력 |
| IPR 008 | 정비계단<br>선정자료 | • 분석 대상 LCN에 대한 정비업무 및 보급품, 지원장비의 초기 분석결과를 출력 |
| IPR 009 | 정비업무 분석 | • 정비업무 분석결과를 출력 |

# 나. 보고서 출력 테이블

| 보고서<br>번호 | 보고서 명 | 내 용 |
|---|---|---|
| LSA-001 | 주특기 / 정비계단별<br>인시 요약 | • 체계장비의 인력소요 결정 |
| LSA-003 | 정비 요약 | • 군 요구(Requirement) 충족 여부 판단 |
| LSA-004 | 정비 할당표 | • 기술교범의 정비할당표(MAC) |
| LSA-005 | 지원품목 활용요약 | • 지원품목(지원장비 / 공구, 수리 / 예비부품)의 정비계단별 사용현황 |
| LSA-006 | 정비업무 목록 | • 업무빈도, 소요시간, 인시 혹은 연간 인시에 대하여 특정 값(임계 값)을 초과하는 모든 정비업무 목록 |
| LSA-007 | 주특기 및 정비계단<br>지원장비 소요 | • 주특기 및 정비계단별 활용되는 지원장비(공구, 시험장비 등) 목록 |
| LSA-008 | 지원품목<br>입증요약 | • 해당 정비계단에서 필요한 지원품목들의 목록 |
| LSA-009 | 지원품목 목록 | • 체계 / 장비를 지원하는 데 필요한 모든 수리 부속, 공구 / 시험장비의 LCN, 참조번호 및 NSN에 대한 보고서 |
| LSA-011 | 특수 훈련장비 요약 | • 특수 훈련장비가 요구되는 정비업무 목록 |
| LSA-012 | 시설 소요 | • 신규 / 개조시설이 요구되는 정비업무 목록 |
| LSA-013 | 지원장비 그룹<br>번호 활용 요약 | • 지원장비 그룹별 공구가 요구되는 정비업무 목록 |
| LSA-014 | 훈련업무 목록 | • 업무목록에서 식별된 각 업무에 대한 주특기별 보고서 |
| LSA-019 | 업무분석 요약 | • 정비업무 수행에 필요한 지원품목, 주특기 소요에 대한 목록 |
| LSA-023 | 정비계획 요약 | • 예방 / 보수정비업무 목록 및 관련 정보 제공 |
| LSA-026 | 포장 제원표 | • 포장 대상품목의 포장 제원표 |
| LSA-027 | 고장 / 정비율 요약 | • 품목의 정비도 / 신뢰도 관련 보고서 |
| LSA-033 | 예방정비 점검 /<br>점검표 | • 기술교범의 예방정비 점검 및 근무표(PMCS) |
| LSA-040 | 인가목록 품목 요약 | • 기술교범의 별도 포장품목, 기본불출품목, 추가인가품목 |

| 보고서<br>번호 | 보고서 명 | 내 용 |
| --- | --- | --- |
| LSA－050 | 신뢰도<br>중심정비요약 | • 품목의 신뢰도 데이터 및 고장유형, RCM 분석결과 |
| LSA－056 | 고장유형영향 및<br>치명도 분석 요약 | • 고장유형영향 및 치명도 분석 |
| LSA－058 | 신뢰도 및<br>정비도분석 | • 신뢰도 요약(재설계), 정비계단에 대한 품목의 수<br>리가 수행되는 정비계단에 대한 상세정보 |
| LSA－065 | 인원소요 기준 | • 업무별 인시 요약정보 |
| LSA－070 | 지원장비 추천자료 | • 지원장비의 SERD |
| LSA－074 | 지원장비 공구목록 | • 현 보유공구, 보유 중이나 정비부대에는 할당되지 않<br>은 공구, 개조 수공구, 개발이 요구되는 특수공구 |
| LSA－075 | 인원, 인력 및<br>훈련보고서 | • H／W 인력 소요분석 기준으로써 필요한 평시의 정<br>비계단 및 신규／수정 주특기 소요로 주요인력／<br>인원 자료 |
| LSA－077 | 창정비 자료요약 | • 창 수리 가능품목과 창에서 수행되는 업무들의 LCN<br>순으로 출력 |
| LSA－126 | 조립체계도 | • 조립관계를 체계적으로 도식화한 자료 |
| LSA－151 | 보급품 목록 색인 | • 참조번호와 보급목록의 해당 PLISN 간 참조 자료 |
| LSA－202 | 업무빈도 요약 | • 업무빈도의 요약자료 |

## 다. 집계표 출력 테이블

| 보고서<br>번호 | 보고서 명 | 내 용 |
|---|---|---|
| 집계표001 | 분석대상 품목별 정비<br>할당 및 고장유형 수<br>집계 | • 분석 대상품목의 고장유형 개수 및<br>RCM 분석 결과에 따른 정비할당<br>별 정비업무 수 |
| 집계표002 | 위험도 부호별<br>고장유형<br>항목 수 집계 | • 분석 대상품목의 위험도 부호별 고<br>장유형 항목 수 |
| 집계표003 | 업무기능별 계획 /<br>비계획<br>정비업무 수 요약 | • 분석 대상품목의 업무부호에 대한<br>업무기능에 따른 계획 / 비계획 업무<br>분류 |
| 집계표004 | 정비계단별 지원장비<br>소요목록 | • 정비계단별 지원장비의 품목분류 부<br>호별 소요목록 |
| 집계표005 | 부호의 근원부호<br>부여 현황 | • 분석대상 품목의 SMR부호 중 근원<br>부호별 현황 |
| 집계표006 | 정비계단별 정비업무량<br>산출 | • 정비계단별 정비업무 빈도에 근거한<br>정비 업무량 산출 결과 |
| 집계표007 | 훈련 추천분류별 교육<br>훈련 소요업무 수 요약 | • 훈련추천 분류별 교육훈련이 필요<br>한 업무 수 |
| 집계표008 | 분석대상 품목별 교육<br>훈련소요 정비업무<br>요약 | • 분석대상 품목의 정비업무를 기준으<br>로 교육훈련 소요가 제기되는 정비<br>업무의 수 |
| 집계표009 | 특수훈련 장비 소요<br>업무 수 요약 | • 정비업무 대상 품목에 대한 특수훈<br>련장비 소요 업무 수 |

출처: 육군본부, 「육본 종합군수지원 실무지침서」(대전: 육군본부, 2005)pp.334-
341.

# 3

# RAM과 야전운용제원

# 1. RAM

## 1) RAM의 정의

무기체계 개발 시 적용하게 되는 가장 기본적인 자료가 RAM이다. 이를 토대로 장비의 성능이 결정되고 개발된다. 이러한 RAM 자료는 야전운용제원의 환류를 통해 최신화되고 신뢰성을 높일 수 있다. 여기에서는 RAM이 무엇인지, 어떻게 산정되는지 알아보도록 한다.

RAM이란 신뢰도(Reliability) 가용도(Availability), 정비도(Maintainability)의 약어로서 장비의 고장빈도, 임무수행 정도, 그리고 고장 시 정비하는 데 소요되는 시간 정도를 나타낸다. 이는 개발자에게는 장비 기술수준의 척도가 되고 소요군에게는 장비 운용 시 만족도의 척도가 된다. 이를 통해 장비의 설계뿐만 아니라 장비운용의 기본정책을 수립하기 때문에 소요제기 단계에서부터 폐기 시까지 그것을 지속적으로 관리하여야 할 것이다.

먼저, '신뢰도'는 체계(장비), 부품 등이 주어진 조건하에서 규정된 기간 동안 의도한 기능을 고장 없이 수행할 확률로 고장 간 평균시간(MTBF: Mean Time Between Failure)을 의미한다. 이는 어떤 장비가 동일한 조건에서 제작되어 운용된다고 하더라도 장비의 수명, 고장 등이 일정하지 않고 어떤 분포를 이루고 있어 수학적 도구로써 확률을 이용할 수 있다. 이 신뢰도는 크게 체계 신뢰도와 임무신뢰도로 구분할 수 있다. 체계신뢰도는 장비 성능에 관련된 신뢰도로써 체계가 어떤 전술적·자연적 상황하에서 임무를 수행할 때 체계에 어떠한 고장도 발생하지 않고 특정임무를 수행할 확률 또는 사용 기간을 나타낸다. 임무신뢰도는 임무수행에 관련된 신뢰도로써 체계가 규정된 기간 동안 임무를 수행할 때 임무수행에 영향을 미치는 고장이 발생하지 않고 작동할 확률 또는 사용 기간이다.

‘가용도’는 주어진 순간시간 있어서 장비가 작동상태에 있을 확률이다. 즉 임무가 요구된 어떤 시간(임무시간을 제외한 운용시간, 실 정비시간, 행정 및 군수지연시간을 포함)에서 체계가 임무수행 및 운용 가능한 척도이다. 이는 운용환경에 따라 고유가용도(Ai: Inherent Availability), 성취가용도(Aa: Achieved Availability), 운용가용도(Ao: Operational Availability)로 분류한다. 고유가용도는 계획정비 없이 규정된 조건에서 사용될 체계가 가동상태에 있을 확률을 말하고 성취가용도는 고유가용도에 계획정비시간을 추가로 고려한 것으로 직접적인 원인이 아닌 비가동시간을 제한 것으로 말한다. 그리고 운용가용도는 실제 일어날 수 있는 비가동시간을 고려한 값으로 체계 운용 시 적용된다.

‘정비도’는 어떤 체계나 장비가 고장 났을 때 규정된 기술요원이 가용한 절차 및 가용한 자원을 이용하여 주어진 조건하에서 주어진 시간에 체계를 정비하여 그 성능을 규정된 상태로 원상복귀할 수 있는 확률로 수리 간 평균시간(MTTR: Mean Time To Repair)으로 나타낸다.

## 2) 신뢰도의 발전사항

2차 대전 중 선박으로 수송된 항공기용 전자기기 중 60%가 목적지에 도착했을 때 사용이 불가능하고, 군 창고에 보관 중인 장비 및 예비품의 50%가 불량한 것으로 나타났다. 그 이유는 첫째, 미 정부와 군에서 엄격한 군사규격(MIL-STD)을 적용한 전자기기에 대해 무한히 신뢰하여 진공관 개발 시 제대로 검사를 하지 않았고, 둘째, 진공관의 부품을 생산하는 업체 간의 협조성이 부족하여 부품 결합 시 문제가 발생하였다. 이에 따라 진공관개발위원회를 신설하고 원인을 분석한 결과, 첫째 진공관은 소량을 생산할 때보다 대량 생산이 신뢰성이 높고 둘째, 정격전압보다 낮은 전압을 인가하는 것이 수명이 길다는 것을 인지하게 되었다. 이와 같은 결과를 토대로 고신뢰성 진동관을 개발하여 전자기기의 신뢰성을 확보하였다. 이를 계기로 1952년 신뢰성 자문위원회(AGREE: Advisory Group on reliability of Electronic Equipment)를 발족시켜 신뢰성에 대한 연구를 시도하였고, 1957년에 AGREE Report가 제출되어 오늘날의 신뢰성 공학의 기초를 이루었다

이후 1962년에서 시작된 미국의 소비자주의는 신뢰성을 더욱 발전시켰다. 이에 따라 FMECA 등의 신뢰성 기법이 점차로 개발, 활성화되었고, 와이블(Weibull) 분포나 지수분포 등에 관한 통계적인 연구도 진행되었으며, 이것들이 점차 실무에 응용되어 신뢰성의 이

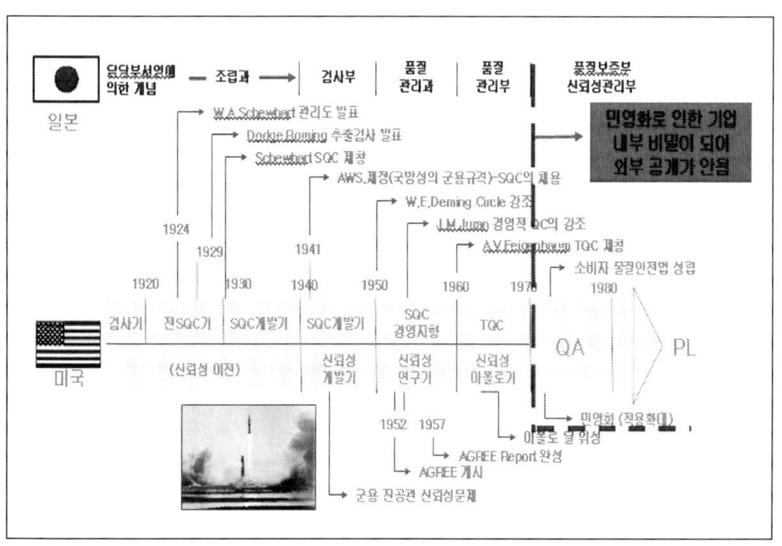


출처: 한양대 신뢰성분석연구소, 「신뢰성 특론」(서울: 한양대,2007), p.8.

〈그림 11〉 신뢰도 발전 과정

론적 측면도 충실해졌다.

1970년대 이후 체계화된 공학으로서 신뢰성 공학은 인공위성 사업, 자동차 공업 및 전자공업에 응용되어 큰 성과를 이루었다.

이러한 신뢰성의 발전 과정은 〈그림 11〉를 보면 잘 알 수 있다.

## 3) 신뢰도 분석 업무

신뢰도를 분석하기 위해서는 신뢰도의 기초자료를 제대로 확보하여야 한다. 확보하는 방법은 야전운용제원의 활용, 이론적인 신뢰도 예측, 가속수명 시험을 통한 방법이 있다.

첫째, 야전운용제원의 활용이다. 이는 야전에서 사용 중 고장이 발생한 제원을 이용하여 통계적으로 수명을 추정하는 방법이다. 통계적으로 추정하는 데 있어서 필요한 정보, 시간정보를 포함한 고장 제원이 확보되어야 한다. 가장 정확하나 시간과 비용이 많이 든다.

둘째, 이론적 신뢰도 예측이다. 이는 MIL-HDBK-217, Bellcore, NPRD-95 등 기존에 제시된 신뢰도 예측방법을 적용하는 방법으로 실제의 신뢰도와 예측 결과 사이 차이가 있을 수 있으며 예측 방법에 있어서 팩터 값을 어떻게 정하는가에 따라 예측의 결과가 크게 달라진다. 시간과 비용이 적게 들고 무기체계 개발 시 기초자료가 된다.

셋째, 가속수명 시험에 의한 추정이다. 이는 제품을 가혹한 조건에서 시험하여 빨리 고장을 낸 후 가속모델을 이용하여 정상 사용조건에서의 고장시간으로 환산하여 수명을 추정하는 방법이다. 제품을 구성하는 부품의 고장 형태를 가속시키는 스트레스의 종류가 부품에 따라서 다르고, 부품을 시험할 때보다 제품을 시험하는 경우에 스트레스를 높이는 한계가 있다.

## 4) 이론적 신뢰도 예측

최초에 무기체계를 개발 시 어느 정도의 신뢰도를 가진 부품을 개발하느냐는 상당히 중요한 부분을 차지한다. 적정 신뢰도보다 높은 부품을 개발하고 사용한다면 과도한 비용으로 인해 장비의 단가를 상승케 하는 요인이 된다. 또한 낮은 부품을 개발한다며 장비의 가동률을 보장하지 못하게 되고 수시로 성능개선 등의 요구를 발생케 하여 운용유지 비용을 증가시킨다.

이와 같이 개발 초기에 해당 무기체계에 대한 신뢰도 기준이 없기에 이론적인 신뢰도를 무기체계 개발 시 적정 신뢰도를 적용하였다. 여기에는 여러 가지 Data Book이 있는데, MIL-HDBK-217, Bellcore, NPRD-95에 대해서 알아보자.


(1) MIL-HDBK-217

MIL-HDBK-217은 1995년 이후 MIL-HDBK-217 FN2으로 개정 / 보완되었고, 40여 년 동안 신뢰도 예측 분야에서 핵심적인 역할을 수행하였다. 전기 / 전자부품과 일부 기계부품에 대한 예측 방식을 제공하고 있으며, 고장률 단위는 10-6으로 표현된다. 부품의 고장분포는 지수분포로 가정되며, 각 세부품 고장률의 합으로 상위 수준의 결합체와 구성품, 체계 신뢰도가 결정된다.

제품 동작상태의 운용환경은 14가지로 구분되었다. 예측을 실시하는 접근방식에는 Parts Stress Analysis와 Parts Count Analysis가 있다. Parts Stress Analysis는 부품에 대한 고장률을 결정하기 위해 부품에 실제 인가되는 스트레스 수준을 적용하여 고장률을 얻는 방식이며, Parts Count Analysis는 초기 설계단계에서 각 부품에 인가되는 스트레스 수준을 평균값으로 가정하고 운용환경, 품질등급 등의 소수 팩터를 활용 예측하는 방식이다.

## (2) Bellcore

Bellcore의 접근방식은 MIL-HDBK-217과 유사하지만, 기본적으로 통신산업장비 및 체계에 주로 적용된다. MIL-HDBK-217에서 규정하는 14개의 운용환경을 대폭 축소하여, 5개의 운용환경으로 구분하고 있으며, MIL-HDBK-217과 마찬가지로 지수분포로 가정하고 계산된다. 고장률 단위는 10-9 또는 FITs로 표현된다. MIL-HDBK-217에서 제공하는 Parts Stress Analysis와 Parts Count Analysis 방식과 유사하게 Methods Ⅰ, Methods Ⅱ, Methods Ⅲ로 구분 계산한다.

Method Ⅰ 방식은 사용 가능한 필드 고장 데이터가 전혀 없는 경우 사용하는 방식이고, Method Ⅱ는 시험환경 시험자료와 Methods Ⅰ 방식을 조합하여 고장률을 얻는 방식이다. Method Ⅲ는 보다 최적화된 방법으로 야전운용제원 데이터를 추가하여 계산하는 방식이다.

가장 많이 활용되는 Method Ⅰ 방식에서 얻어지는 常狀態 고장률(Steady-state failure rate)은 기본 常狀態 고장률과 품질등급, 전기적 스트레스, 온도팩터 등에 의해서 결정된다. 그러나 Bellcore 규격이 중요한 이유는 초기오류(Infant Error)에 대한 분석기능 제공과 유사장비에 대한 야전운용제원의 추가반영이라 할 수 있다.

## (3) NPRD-95

NPRD-95 DB는 25,000개 이상의 기계 및 전자 부품과 조립체 고장률 제원을 기초로 출발했으며, 현재는 300,000개 이상의 다양한 품목 고장률을 관리하고 있다. MIL-HDBK-217에서 규정하는 운용환경을 동일하게 적용하나, 특정부품과 환경을 위해 제한적으

로 사용하고 있다. Data Book에 대한 적용과 접근이 일반적으로
용이하지 않다는 문제점이 있지만, 기계류의 신뢰도를 추정하는 효
과적인 규격으로 활용되고 있다.

## 5) 이론적 신뢰도 적용 및 한계

신뢰도는 Relex SW에 의해 〈표 9〉와 같은 절차로 산정이 된다.
운용환경, 스트레스 요소와 각 세부품의 기본 고장률을 고려하여
해당 품목의 고장률을 산정하고 각 품목은 상위 품목의 고장률을
산정한다.

### 〈표 9〉 Relex 고장률 산정 절차

| 입 력 | 계 산(Relex SW 활용) | | 출 력 |
|---|---|---|---|
| • OMS / MP, ROC<br>　- 운용환경, 운용온도,<br>　　임무주기<br><br>• 실데이터, 유사장비 제원<br>　- 스트레스 요소<br>　　(전압, 진동 등) | 기본고장률<br>($\lambda$b) 제공 | • MIL $-$ HDBK $-$ 217,<br>• NSWC Mechanical<br>• EPRD / NPRD | 고장률 /<br>MTBF<br>(부품 ~<br>기계류) |
| | 고장률<br>산정 | • 시스템 고장률($\lambda$sys)<br>　= $\Sigma$ 개별부품의<br>　　고장률($\lambda$p)<br><br>• 개별부품의 고장률($\lambda$p)<br>　= 부품 기본고장률($\lambda$b)<br>　　× 스트레스 요소(Pi) | |

여기에 세부품의 기본고장률은 Data Book(MIL $-$ HDBK $-$ 217,
Bellcore, NPRD $-$ 95 등)에 의해서 결정이 된다. 현재 적용되고 있
는 Data Book은 미군의 정책 변화로 대부분 1995년 이후에 거의
최신화가 되지 않아 수록된 세부품의 고장률은 과거의 부품 고장
률로 현재의 무기체계에 적용 시 신뢰도가 저하될 수도 있다.

　Relex에서 적용되는 운용환경은 운용목적에 따라 상이하다. 기동

장비, 고정된 장비, 항공기, 함정 등 다양한 환경이 고려되고 이에 따라 상이한 고장특성을 가진다.

이러한 운용환경을 잘못 적용함으로써 MTBF가 잘못 산정된 사례는 〈그림 12〉을 보면 잘 알 수 있다. 이는 기동장비의 수직 이송조립체의 하부 모타 운용환경을 기동운용(GM))으로 적용해야 하나 고정운용(GB)으로 적용하였다. 이로 인해 〈표 10〉의 운용환경을 고려한 결과, 고정운용 시에는 MTBF가 748시간, 기동운용 시에는 MTBF가 868시간으로 나타났다. 이는 정확한 운용환경 미적용으로 이와 같은 MTBF가 축소되어 나타나게 될 수 있다.

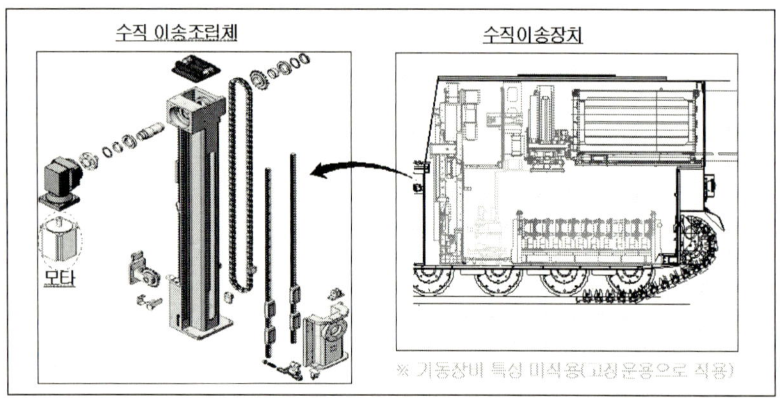


출처: 육군본부, 앞의 책, p.156.

〈그림 12〉 운용환경 오적용(기동 → 고정) 사례

〈표 10〉 환경조건 비교

| 운용 환경 | | 환경 팩터($\pi$ E) |
|---|---|---|
| 환경 유형 | GB(Ground Benign) | 1.0 |
| | GF(Ground Fixed) | 3.0 |
| | GM(Ground Mobile) | 8.0 |

출처: 모아소프트, 「Relex Reliability Studio 2006」(서울: 모아소프트, 2007), p.11.

또한 동일한 부품이라도 정확하게 해당 부품을 선정하지 않는다면 MTBF가 달라질 수 있다. 〈표 11〉과 같이 동일한 커넥션 기본 고장률을 비교해 보면, 연결방식에 따라 2배 이상 차이가 난다. 이처럼 연결방식을 정확하게 모른다면, 잘못 입력할 수 있는 경우가 발생할 수 있다.

<표 11> 커넥션의 기본고장률 비교

| 연 결 방 식 | 고 장 률 |
|---|---|
| Hand Solder, w / o Wrapping | 0.0013 |
| Hand Solder, w / Wrapping | 0.000070 |
| Crimp | 0.00026 |

출처: 모아소프트, 앞의 책, p.89.

이처럼 이론적인 신뢰도 예측방법은 축적된 DB를 통하여 최적의 결과를 산정할 수 있겠지만, 과거의 Data Book 활용, 세부품의 입력자료 입력 오류 등 일부 신뢰도가 떨어질 수 있다. 이를 보완하기 위해서는 필히 야전운용제원을 수집하여 적용하여야만 신뢰성 있는 자료가 구축될 수 있다.

# RAM 업무수행 절차

## 1. RAM 업무수행의 목적

| 군 장비운용 시 필요사항 | 평가요소 | 척  도 |
|---|---|---|
| 언제 결함이 발생할 것인가? | 신뢰도 | MT(K)BF |
| 운용장비의 가용능력 및 전투준비 태세는? | 가용도 | Ai, Aa, Ao |
| 발생된 고장을 얼마나 신속히 정비할 수 있는가? | 정비도 | MTTR, MR |
| 최적의 교환시점 및 완전분해수리 시점은 언제인가? | 내구도 | km, Hr, Round |

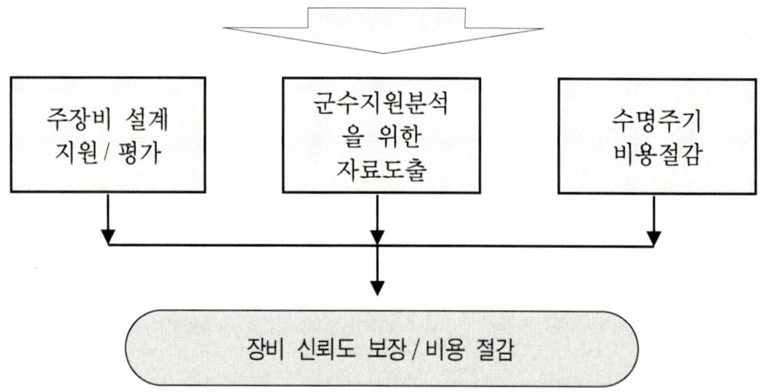

# 2. RAM 수행절차

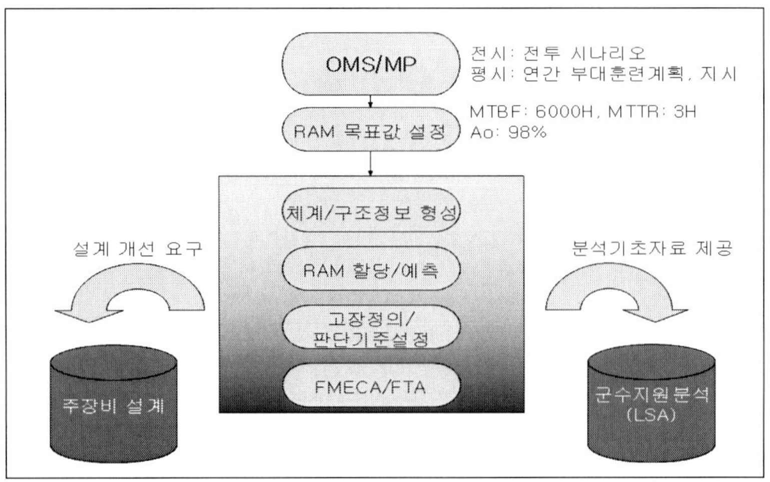



# 3. RAM 목표 값 설정

| 개발장비의 운용 환경 / 개념 | |
| --- | --- |
| 운용 형태 종합(OMS) | 임무유형(MP) |
| • 전·평시 무기 운용 개념 / 시간<br> − 전시: 작전 형태별<br> − 평시: 훈련, 대기 등 | • 전·평시 임무 형태별 운용 개념<br> − 사격, 기동, 통신, 생존 등 |

※ 무기 운용 / 임무 형태별 운용 목표, 시간, 횟수 작성

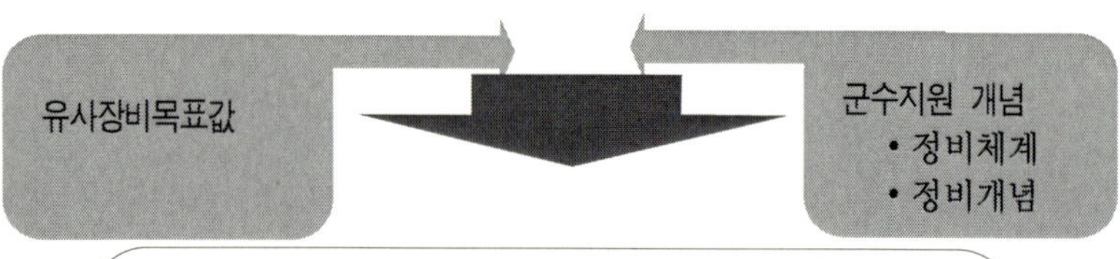


# 4. 신뢰도 할당 / 예측

신뢰도 분석업무는 신뢰도(Reliability)의 할당은 체계의 신뢰도 목표 값을 달성하기 위해 최상위 레벨에서 하위 레벨(체계 → 장치 → 조립체 → 단품 순)로 목표 값을 설정해 나가는 것이고, 예측은 설계자료를 토대로 단품으로부터 최상위 레벨(단품 → 조립체 → 장치 → 체계)까지 각각의 신뢰도를 계산하는 과정이다. 무기체계가 복잡해지고, 부품 수가 많아지면서 신뢰도 분석을 위해 전문 S / W 가 개발 운용되고 있으며, 대표적인 S / W로 Relex(미 국방성 RAM 분석 표준)가 있다. 개발단계별 신뢰도 분석범위는 다음과 같다.

| 구 분 | 탐색개발 | 체계개발 | | |
|---|---|---|---|---|
| | | 체계설계검토 | 예비설계검토 | 상세설계검토 |
| 예측 범위 | 신뢰도 값 할당 | 장치단위 신뢰도 값 예측 | 조립체단위 신뢰도 값 예측 | 단품단위 예측 및 체계 종합 |

## 1) 신뢰도 할당

신뢰도 할당은 무기체계 / 장비의 신뢰도를 하위 레벨의 설계 범위까지 논리적으로 배분하는 것이며, 하위 레벨의 신뢰도 값은 달성 가능성을 결정하는 척도로 해당 품목의 설계목표로 활용된다. 이러한 신뢰도 할당업무를 통해서 품목별 명확한 신뢰도 목표 값 설정이 가능해지고, 목표지향적 설계가 가능해진다. 신뢰도 할당은 개발초기(탐색개발 단계)에 실시되어야 하는데 이 시기에 부품이나 적용될 기술을 선택하고 중요 요구사항을 결정한다. 신뢰도 할당 지연은 자원낭비와 개발일정 지연을 초래한다.

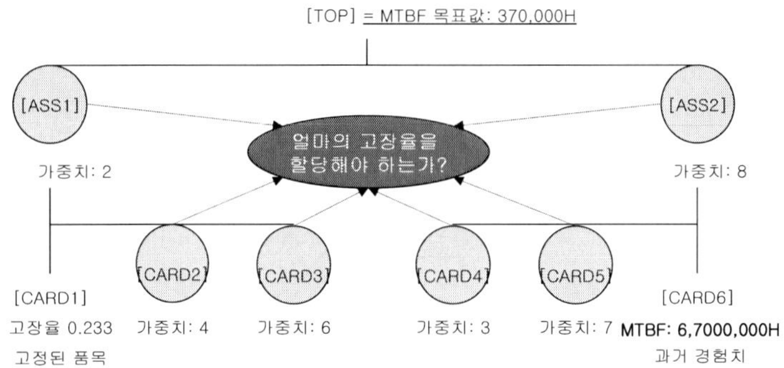


## 2) 신뢰도 예측

무기체계 및 장비에 대한 소요군 요구사항에 대비하여 체계나 장비의 신뢰도 값(단품~체계)을 분석하는 과정으로 개발 시기별로 대상을 세분화하여 수행하는 것이 바람직하다. 예측 값은 할당 값을 충족(예측 값≥할당 값)해야 한다. 예측 값이 할당 값을 충족하지 못할 경우(예측 값<할당 값)에는 설계개선 / 변경을 통해 할당 값을 달성토록 해야 한다.

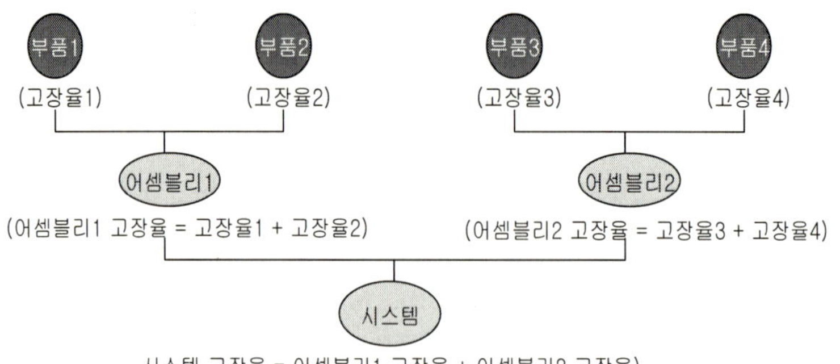


## 3) Relex를 활용한 신뢰도 예측

체계가 단순하고, 하부체계 간의 관계가 상호 배타적이라면 수학적 모델링을 통해서도 간단한 RAM값 산출이 가능하다. 그러나 수만 종 이상의 부품으로 구성된 현대 무기체계의 특징을 고려한다면 S/W의 도움 없이 신뢰도(Reliability)를 예측한다는 것은 불가능한 일이다. 현재 RAM 분석을 위한 전문 프로그램은 ISO-9001 인증을 획득한 미 국방성 표준 S/W인 Relex가 있고, 우리 군 및 방산업체에서도 이를 표준적으로 활용하고 있다.

① 고장률 계산식(예: Resistor): $\lambda_p = \lambda_b \pi_R \pi_Q \pi_E$

$-\lambda_p$: 부품 고장률  $-\lambda_b$: 기본 고장률  $-\pi_R$: 저항 팩터
$-\pi_Q$: 품질 팩터  $-\pi_E$: 환경 팩터

② 주요 신뢰도 예측 규격

| 구 분 | 제정기관(업체) | 비 고 |
|---|---|---|
| MIL-HDBK-217F | 미 국방성(DOD) | 상용 분석도구에 수록 |
| CNET | 프랑스 텔레콤 | |
| Bellcore RPP | Bell 연구소(Telcordia) | |

| 구  분 | 제정기관(업체) | 비  고 |
|---|---|---|
| Itatel IRPH93 | 이태리 텔레콤 | |
| AT&T | AT&T | |
| PRISM | RAC(미국) | 상용 분석도구에 수록 |
| RDF 2000 | 영국 표준협회(BIC) | |
| NPRD－95 | RAC(미국) | 기계 / 전기 · 전자류 통합 |

# 2. 야전운용제원

## 1) 야전운용제원 수집의 필요성

지금까지는 이론적인 신뢰도를 예측하는 방법을 알아보았다. 이러한 이론적인 신뢰도 예측은 장비의 야전 운용성과 지원성을 고려한 설계 및 개발에서 중요한 요소로 작용하고 있다. 그러나 이런 자료는 무기체계의 설계 시 반영되는 이론적인 예측치이기에 좀 더 야전의 현실을 정확하게 반영하기 위해서는 야전에서 실제 운용된 제원이 필요하다. 야전운용제원은 무기체계가 실제로 운용되는 환경하에서 발생하여 수집되는 경험제원으로 야전에서 운용되는 장비의 RAM 특성 및 군수지원성을 향상시키고 유사 장비의 개발 시 경험제원으로 활용할 수 있다.

여기에서는 먼저 야전운용제원의 어떠한 자료를 수집하여 어떻게 활용하는가를 알아보고, 미군과 우리 군에서 시행하고 있는 야전운용제원 수집체계에 대해서 살펴보기로 한다.

## 2) 야전운용제원 수집 대상 자료

야전에서 운용된 제원을 수집하기 위해서는 활용목적에 부합되는 필요한 자료를 수집한다. 야전운용제원을 활용하는 목적이 야전에서 운용되는 무기체계의 효율성, 개선소요 식별, 신규무기체계 개발 시 경험제원으로 활용 등으로 볼 수 있다. 이를 위해서 획득되어 할 자료는 무기체계의 성능과 운용성을 식별하게 하는 RAM 분석자료, 야전에서 운용되는 무기체계의 효율적인 운용을 위한 LSA 및 비용분석 자료, 성능개선을 위한 자료가 필요하다. 이러한 자료를 수집하기 위해서는 다음과 같은 정보가 필요하다.[47)]

첫째, 장비이력정보로 장비가 야전에 배치되어 운용되는 제원과 중요이력이다.
- 장비식별 자료: 부대번호, 부대명, 모델번호, 장비재고번호, 등록번호, 일련번호
- 장비 생산 정보: 생산일, 생산자, 배치일
- 초기배치 시 운용자료: 엔진가동시간, 주행거리, 발사 수

둘째, 장비고장정보로 운용장비 고장을 포함하여 정비가 필요한 사항이 발생하였을 때 장비의 고장과 정비사항을 식별한다. 고장을 일으킨 부품을 식별하고 고장을 분류하고, 고장을 해소하기 위해 정비시간 및 행정 및 군수지연시간을 포함한 정비복구시간과 정비인력 등에 대한 사항으로 RAM 분석을 하는 데 필수적인 자료이다.
- 장비식별 자료: 부대번호, 차량번호, 장비명
- 사건 식별 자료: 사건발생번호, 사건발생 / 완료일

---

47) 최선용, 「지상무기체계 야전운용 Data 수집 및 RAM 인수 산출 기법 연구」, (대전: 국방과학연구소, 1994), pp.16−18.

- 사건 발생 시 운용환경정보: 사건분류, 환경 조건
- 사건 식별 자료: 사건발생번호, 사건발생 / 완료일
- 원인고장 식별 정보
- 고장영향 및 고장분류 정보
- 정비작업 정보

셋째, 장비정비정보로 정비활동 중 부품 및 정비인력이 필요한 정비작업을 식별하는 내용이다. LSA 및 비용분석을 수행하는 데 필수적인 자료이다.

- 부품소요의 원인을 식별하기 위해 사건번호
- 정비 및 고장진단 작업 식별 정보
- 정비를 위해 소요된 인력 식별 정보
- 고장부품 · 교체부품 정보

넷째, 장비운용정보로 RAM 분석, 비용분석, LSA에 필수적인 자료이다.

- 운용자료 수집일
- 장비 운용 부대 및 장비 정보: 부대명, 모델명, 장비 일련번호
- 운용자자료 정보: 주행거리, 엔진가동시간, 발사 수
- 정비 및 고장진단 작업 식별 정보
- 정비를 위해 소요된 인력 식별 정보
- 유류 소모량, 정보: 엔진오일, 변속기 오일 등

다섯째, 장비개선정보로 정비성 문제, 장비개선사항, 교범 등의 개선사항을 해결하기 위해 필요한 정보로 활용할 수 있다.

- 해당 장비 식별: 장비명, 사건번호
- 문제 및 원인 식별정보 및 문제해결 방안

- 오류가 있는 교번 식별: 교번번호, 발간일, 교범명
- 오류가 있는 부분 식별: 페이지, 문단, 그림 번호, 표번호 등

## 3) 미군의 야전운용제원 수집체계

미 육군은 TMMDCS(Total Management Data Collection System)[48] 체계를 1970년까지 적용하여 모든 장비를 대상으로 자료를 수집하였다. 그러나 이러한 일련의 업무는 소요군의 업무부담을 과중시키고 방대한 수집 자료로 인해 자료 처리가 제한되는 등 분석 시 상당한 저해요소가 발생하였고 또한 과도한 비용이 초래되어 이 제도를 폐지하였다. 1980년대부터 신규 획득장비와 중점관리 대상장비와 같이 선별적인 장비에 대하여 자료를 수집, 분석하여 요구하는 정보를 산출하는 체계적인 기법은 SDC(Sample Data Collection) 체계를 적용하여 시행하고 있다.[49]

SDC 체계는 야전 운용자료를 특수한 목적으로 어느 일정한 부대 대상으로 특정장비에 관하여 수집하게 된다. 그리고 SDC 적용 여부 결정은 중점관리 대상장비 여부, 필수 임무장비 여부, 정비/보급상의 문제점, 투자비 과다 소요 등에 의해 결정되게 된다. 이와 같은 SDC 체계는 운용 중인 시스템의 운용현황, 고장현황 및 장비현황자료를 수집·분석하는 활동이다. 이러한 활동을 통하여 개발 및 시험 기간 동안 발견하지 못한 실질적 운용환경에서의 시스템 문제점을 통해 개선방안을 도출한다. 성능향상 조건뿐만 아니

---

48) TMMDCS(Total Management Data Collection System)는 모든 장비 획득, 운송, 운용, 분해수리 등 자료 정보를 이용하여 물자의 준비태세 향상과 장비의 획득 및 예산관리 업무를 지원하는 체계를 의미한다.
49) 한봉윤 등 3인, 「야전운용자료 수집 / 분석체계 구축 발전방안」(서울: 국방품질관리소, 2005), p.46.

라 운용성의 최적화 분석을 위한 RAM 요소별 분석 및 특성요소 최신화를 목적으로 수행한다.

미 육군은 SDC 업무가 소요군에게 과도한 업무 부담이 되지 않아야 하고 사용자가 직접 얻은 장비성능 결과가 군수지원 정책자나 현장 기술자들에게 생생하게 전달되는 환류시스템을 강조하고 있다. 또한 체계적이고 구분화된 업무를 수행할 수 있도록 SDC 체계에 대한 업무분장을 실시하고 있다.

자료수집은 민간 전문 업체에서 실시하고 수집된 자료의 분석은 신뢰성 전문 기관인 신뢰성 분석센터(RAC: Reliability Analysis Center)에서 실시하고 있다. RAC는 미 국방성 산하기구로 설립되어 2,500명 이상의 조직원으로 구성되어 있으며, 야전자료 수집, 분석, 환류 기능 수행하여 미군 운용무기체계 및 장비에 대한 RMSQ(신뢰성, 정비성, 지원성, 품질업무)업무를 수행하고 있다. 물론 민간 전문 업체에서도 자체적으로 분석하여 보고서를 제출한다. 민간 전문 업체는 주요 사령부와 기술용역을 통해 업무를 수행하고 있으며 대표적인 업체로는 DATA, PECO, COBRO DIVISION, NODEN SYSTEM 등이 있으며, 이들 회사들은 전문 인력만 100명 이상 보유하고 있다.

SDC 업무 절차는 먼저 업체 자료 수집요원이 선정된 부대에서 정비활동에 대한 정보를 기록하고, 수집된 자료는 업체 자료전문가에 의해 분류되고 DB에 저장된다. 저장된 자료는 LSA 요원, RAM 분석전문가, 개발기관 등 관련 전문가가 획득된 정보 등에 대해 상호 의견 교환 또는 토론을 하고 데이터를 분석한다. 필요한 목적에 따라 편집되고 가공되어 보고서 형태로 관련 기관에 보내주게 된다. 이때 작성되는 보고서는 크게 4가지 형태로 Annual Report, Final Report Feedback Report, Specific Report가 있다.

체계적인 SDC 활동 결과는 사용군에게는 체계 설계개선, 부품

설계개선, 정비 절차개선, 군수 체계의 문제점 식별 및 해소, 효과
적인 운용비용 예측, 기술교범 오류 개선, 정비할당표 개선, 시험장
비 개선, 신규체계 요구조건에 대한 자료 제공 등에 활용한다. 〈표
12〉는 미군의 주요장비에 대한 SDC 체계를 적용한 결과 비용을
절감한 사례를 제시하였다.

〈표 12〉 SDC 분석결과 및 절감 효과

| 장비명 | SDC 분석 결과 | 절감효과 |
|---|---|---|
| M109<br>자주포 | • 계열 성능개량을 통해 경비 절감<br>• 하자보증조항 변경으로 경비절감<br>  – SDC 검토결과 계약서의 하자 보증 조<br>  항의 경제성 미약(보증수리 비용) | • $1.200,000<br>(연간)<br>• $725,000<br>(계약 시) |
| M110A2<br>자주포 | • 사업 불필요 분석<br>  – Fallback indicator 성능개량의 불요한<br>  것으로 판명 | • $9.000.000<br>(일시) |
| Hawk<br>미사일 | • 과다품목 품질 및 성능개선<br>  – 계기판을 회로기판으로 변경<br>  – HPIR 뭉치 개선<br>• 효과적이지 못한 성능개량사업 취소 | • $21,000,000<br>(일시) |

출처: 한봉윤 등 3인, 앞의 책, pp.53 – 54.

## 4) 한국군의 야전운용제원 수집체계 사례

### (1) K–1 전차

국내 무기체계의 야전운용제원을 수집하여 분석한 최초의 사례
는 K–1 전차이다. K–1 전차는 최초 무기체계 개발 시 ILS가 동
시 개발되지 않아 초기에는 어려움이 많았지만, 2차에 걸쳐 야전운
용제원을 수집하여 이를 적용함으로써 후속 양산되는 K–1 전차의
성능개선 및 신뢰도 향상에 많은 영향을 끼쳤다.

야전운용제원 수집절차는 〈그림 13〉과 같이 업체에서 전차대대
(매년 2~3회 직접 방문)와 정비중대(매년 1회 직접 방문)를 통해
수집하였다. 수행업무는 고장발생 및 정비기록표 양식을 배포, 수
집하고 또는 설문지 배포와 개선요구사항 및 애로사항을 수집하였
다. 수집자료는 고장발생 및 정비기록표(단, 창정비 수행전차는 입
고일 기준으로 분석대상에서 제외), 검사작업지시서(군 작성양식),
중량물 교체현황(부대별 관리양식), 포이력부(군 작성양식), 교량전
차 가설횟수 및 통과 이력부(군 작성양식), 기타 정비자료 등이 있
다. 야전부대에 배포된 양식지를 이용하여 정비기록을 유지하였다.
　이와 같이 수집된 야전 운용 자료는 〈그림 14〉와 같이 RAM 담
당자 및 시스템 담당자에 의해 고장분석을 실시하여 이를 DB화하
였으며 현재 약 1만 8천 건의 자료를 보유하고 있다.

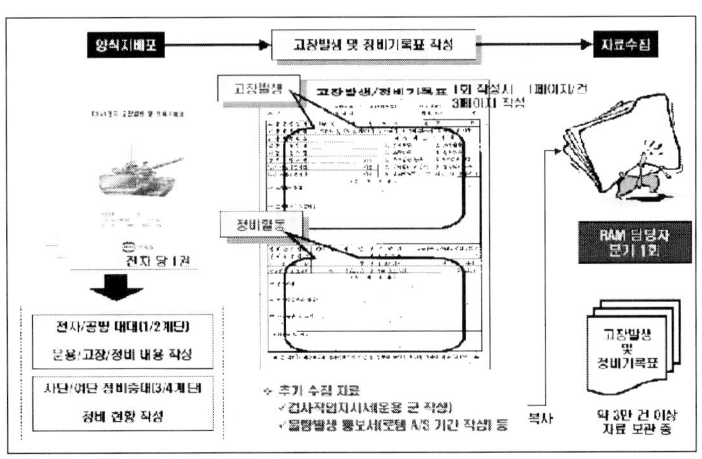

출처: 한상철, "K계열절차 야전자료 수집 및 분석실태",「국방품질29
　　　호」(서울: 국방품질관리소, 2004) p.69.

<그림 13> 야전자료 수집 절차

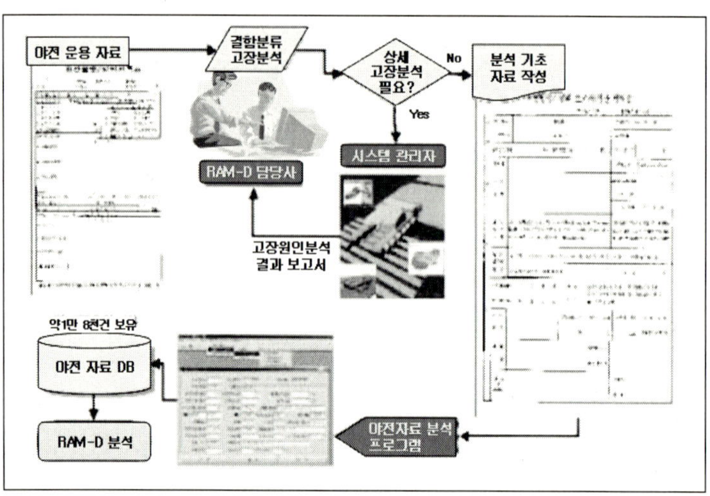


출처: 한상철, 앞의 책 p.70.

<그림 14> 야전자료 고장 분석 절차

〈그림 14〉의 절차를 토대로 획득된 자료를 통하여 전차의 신뢰도를 향상시켰는데 그 결과는 〈표 13〉과 같다.

<표 13> K-1 전차 연간 절감효과 산출

| • 수리부속비(운용유지 비용) 절감 효과 | | | |
|---|---|---|---|
| 구 분 | 초도 전차 | 1차 양산 | 2차 양산 |
| 시스템신뢰도 | 165.1 MKBF | 181.2 MKBF | 288.0 MKBF |

• 연간 장비 운용 거리: 400㎞
• 대당 연간 수리부속비: 약 300만 원(1995년 기준)
• 절감 효과
 - 연간 고장 수 감소(2.4건 → 1.34건): 약 수리부속비 10% 절감
 - 연간 300만 원/대당(2차 양산 이상 야전배치 장비기준: 약 150,000만 원/년)

출처: 한봉윤 등 3인, 앞의 책, p.71.

이는 야전운용제원 적용을 통한 초도전차에 비해 1차 및 2차 양산전차의 신뢰도가 향상된 것을 알 수 있다. 또한 연간 고장 건수가 초도 전차 2.4건 대비 2차 양산전차가 1.34건으로 수리부속 비용의 10%를 감소되었다. 당시(1995년) 대당 수리부속비 300만 원의 절감 효과를 가져왔으며, 이를 기준으로 2차 양산 이후 배치전차에 적용 시 연간 약 15억 원의 절감효과를 산출할 수 있었다.

국내에서 처음 실시한 야전자료수집에 의한 K-1 전차의 RAM 분석결과는 후속 계열차량인 교량전차, 구난전차, K1A1 및 차기전차의 개발단계의 RAM 특성 예측자료로 활용되었다. 그리고 포술시뮬레이터, 트레일러 및 제독장비 등 유사장비 개발에 대한 RAM 예측 기초자료로도 응용되었다. 특히 K1A1 및 차지전차 RAM 설계목표 설정의 기준으로 사용되었다. 또한 이러한 분석결과를 이용하여 CSP 소요량 산출용 입력자료 도출, 최적 예방주기 예측 기초자료 산출, 운용유지 부품 소요량 예측 기초자료, 설계평가 및 개선요소 및 장비운영유지 비용 산출의 기초자료로서 다양하게 활용되었다.

### (2) K-9 자주포

K-9 자주포는 연구 및 개발 시 RAM 값을 해외 장비기준으로 예측·할당하여 신뢰성이 미흡하였다. 또한 체계개발 시부터 참여하여 개발한 ILS 요소와 양산단계에서의 품질, 성능개선, 규격 보완, 부품 국산화 등 기술변경사항이 수시로 발생되는 등 야전자료수집이 일부 제한되었다.

그러나 배치 및 운용단계에서 후속군수지원 사업을 통해서 지속적으로 야전 운용자료를 수집하여 분석함으로써 체계개발단계에서 작성된 이론적인 예측치와 군수지원요소를 최적화함으로써 장비성능 향상 및 운용유지비용을 절감하였다. 〈표 14〉는 K-9 자주포의 야전운용제원 수집을 위한 후속군수지원 사업의 추진내용이다.

<표 14> K-9 자주포 후속군수지원 사업 단계

| 구 분 | 비 고 |
|---|---|
| K9 1차 후속<br>군수지원 | • 주관(육군본부), 수집(육군 및 해병 ○개 대대)<br>• 방법: 분기단위 수기(군) / 분석(업체) |
| 업체자체추진 | • 주관(삼성테크윈), 수집(육군 ○개 대대)<br>• 방법: 반기단위 SW 입력(군) / 분석(업체) |
| K9 2차 후속<br>군수지원 | • 주관(방위사업청), 수집(육군 ○개 대대)<br>• 방법: 분기단위 SW(군) / 분석(업체) |

출처: 방위사업청, 「K-9 후속군수지원」(서울: 방위사업청, 2007), p.5.

후속군수지원 사업을 통하여 야전운용제원을 수집하여 분석한 결과, <표 15>에서 보는 바와 같이 전체적으로 개발 제원보다 야전 운용제원 결과가 감소하고 있다. 이는 실기동보다는 엔진 가동 위주의 비사격 훈련이 많이 실시되고 있음을 보여주고 있다. 이를 통해 필요한 수리부속을 감소된 운용제원을 반영하여 최초 개발 시보다 적게 산정되는 것이 바람직하다.

<표 15> K-9 자주포 개발 제원 대비 운용제원 증감 비율

| 구분 | 연간 운용제원(비율) | | | | | | |
|---|---|---|---|---|---|---|---|
| | ○○년 | ○○년 | ○○년 | ○○년 | ○○년 | ○○년 | ○○년 |
| 엔진가동<br>시간 | ▽9% | △55% | △31% | ▽15% | ▽34% | ▽42% | ▽32% |
| 주행거리 | ▽32% | ▽29% | ▽45% | ▽67% | ▽80% | ▽80% | ▽73% |

출처: 삼성테크윈, 「K-9 운용제원 분석 현황」(창원: 삼성테크윈, 2007), p.14.

이와 같이 야전운용제원 수집을 통한 장비의 정확한 운용 현황을 식별함으로써 후속 전력화 및 차기 무기체계에 대한 정확한 소요를 산정되고 있는 것이다.

# 3. CSP 및 OASIS 운용

## 1) CSP 운용

### (1) CSP 정의

동시조달수리부속(CSP: Concurrent Spare Parts)은 장비의 효율적인 유지 및 정비관리를 도모하기 위하여 초도 또는 후속보급되는 장비와 동시에 조달하는 필수소요수리부속품을 말한다.[50] 이 CSP를 품목의 특성에 따라 구분을 하면 〈표 16〉과 같이 구분할 수 있다.

**〈표 16〉 수요여부에 따른 구분**

| 구 분 | | 내 용 |
|---|---|---|
| 계획수요품목 | 주기교환품목 | • 주기적으로 실시하는 계획정비 시 소요되는 품목<br>• A / S 기간과 관계없이 3년분의 소요 |
| | 시한성품목 | • 일정 기간 사용 후에 반드시 교환하도록 계획된 품목<br>• A / S 기간과 관계없이 3년분의 소요 |
| 수요품목 | | • 해당연도에 최초 배치되는 무기체계 전체 대수를 대상으로 하여 CSP 운용 기간을 기준으로 1회 이상 소요가 예상되는 품목<br>• A / S 기간이 포함된 3년간 소요를 산출, 야전운용제원 반영된 소요 |
| 임무필수품목 | | CSP 운용 기간을 기준으로 1회 이상 소요가 예상되지 않으나 사용자 부주의, 정비실수 등으로 소요가 발생되는 경우 체계운용이나 안전에 심각한 영향을 미칠 것으로 예상되는 품목 |

출처: 육군군수사령부, 「종합군수지원 실무지침서」(대전: 육군군수사령부, 2008), p.102.

---

50) 국방부, 앞의 책, p.192.

### (2) CSP**의 발전 과정**

1980년대 해외 직구매장비의 고장발생 시 적시적인 정비지원을 위해 주 장비 가격의 10% 예산을 편성하여 주 장비와 동시에 수리부속을 획득하였다. 이후 분석모델의 필요성이 제기되어 1996년 CSP 산정 프로그램인 OASIS SW를 개발하여 CSP 소요산정 시 활용하였다.

1998년 육방침 12호에 의거 CSP 관리 세부시행절차를 정립하였는데 CSP 소요산출, 획득, 분배, 수요실적 구축, 평가 및 제대별 임무분장을 구체적으로 명시하였다.

2006년 9월 육군규정이 개정되었는데 CSP는 일반지원정비대대 이상에서 보유하고 CSP 소요산정은 군수사로 조정하였다.

2007년 11월 방위사업관리규정에 의거하여 방위사업청은 OASIS 운용을, 소요군(군수사)은 야전운용제원을 적용한 CSP 소요산정으로 업무가 분장되었다.


### (3) CSP **운용 기간**

CSP는 A / S 기간을 포함하여 3년간의 요소를 산정하되, A / S 기간이 없는 장비는 3년간의 CSP를 산정한다. 계획수요품목은 A / S 기간에 관계없이 3년간의 소요를 운용한다. CSP 운용 기간을 3년으로 하는 이유는 〈그림 15〉에서 보는 바와 같이, 전력화 이후 A / S 실적, CSP의 운용실적을 통한 수요형성 기간을 고려한 것이다. 1년차에 수요가 형성이 되면 이를 근거로 2년차에 운용유지 수리부속 예산을 반영하여 CSP 운용종료시점으로부터 수리부속을 확보함으로써 장비의 가동률을 유지한다.

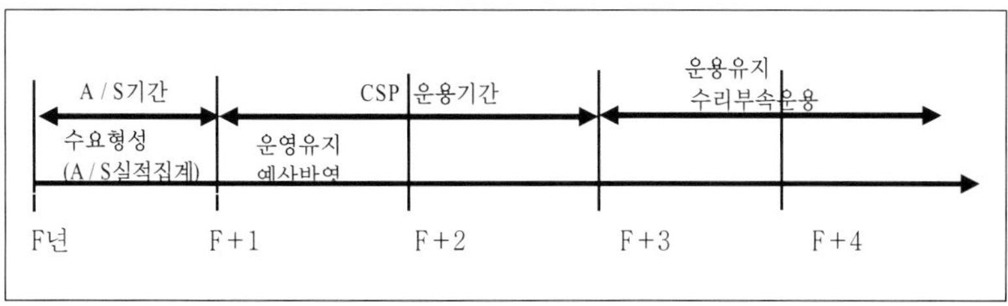

〈그림 15〉 CSP 운용 기간



## 2) OASIS 운용

### (1) OASIS 개념

OASIS(Optimal Allocation of Spares for Initial Support)는 신규무기체계 배치 시 초기 일정 기간 동안 수리부속에 대한 재보급 없이 운용임무를 달성하기 위하여 주 장비와 함께 보급되는 CSP의 최적 소요량을 산출하는 분석모델이다.[51]

품목의 수리 여부와 부대정비품목(LRU: Line Replaceable Unit),[52] 야전정비품목(SRU: Shop Replaceable Unit)[53]에 따라 〈표 17〉과 같이 구분한다.

---

51) 육군군수사령부, 앞의 책, p.105.
52) 부대정비품목(LRU: Line Replaceable Unit)은 완제품에서 탈거하여 정비가 가능한 품목으로 사용자·부대 계단에서 교체(수리)하는 품목이다.
53) 야전정비품목(SRU: Shop Replaceable Unit)은 완제품에서 탈거되지 않고 탈거된 구성품 또는 모듈에서 탈거되어 정비가 가능한 품목으로 야전, 함상에서 교체(수리)되는 품목이다.

<표 17> 수리 여부에 따른 구분

| 구 분 | 내 용 |
|---|---|
| 수리가능<br>LRU | 정비 시 완제품에서 탈거하여 교환하고 탈거된 품목이 수리가 가능한 품목<br>* 가능한 하위품목: 수리 가능 LRU, 소모성 LRU<br>　　　　　　　　　 수리 가능 SRU, 소모성 SRU |
| 수리가능<br>SRU | 정비 시 완제품에서 탈거되지 않고 탈거된 LRU 또는 SRU에서 탈거되며, 탈거된 품목이 수리가 가능한 품목<br>* 가능한 하위품목: 수리 가능 SRU, 소모성 SRU |
| 소모성<br>LRU | 정비 시 완제품에서 탈거하여 교환하고 탈거된 품목이 수리가 불가능한 품목<br>* 가능한 하위품목: 없음 |
| 소모성<br>SRU | 정비 시 완제품에서 탈거되지 않고 탈거된 LRU 또는 SRU에서 탈거되며, 탈거된 품목이 수리가 불가능한 품목<br>* 가능한 하위품목: 없음 |

출처: 국방과학연구소, 「OASIS Ⅱ 사용자 지침서」(대전: 국방과학연구소, 2007), p.15.


## (2) 발전 과정

1990년대 초 국방과학연구소에서 LSA / RAM기법 연구과제를 수행 중 미군의 SESAME[54] 모델을 참고하여 CSP 소요산출 SW(OASIS 1.0, DOS 기반)를 개발, 자체적으로 활용을 하였다. 국방 획득제도 개선위원회 및 국회에서 CSP의 적중률 저하 지적, CSP 분석을 위한 S / W의 부재 등으로 표준 SW의 필요성이 대두되어 1996년 11월

---

54) SESAME(Selective Essential Item Stockage for Availability, Multi-echelon)는 다단계 정비 및 보급지원 체계하에서 최소의 비용으로 무기체계의 목표운용가용도를 충족시키는 데 필요한 각 품목별, 부대별 최적 소요를 산출하는 모델이다. 이 모델은 현재 미국에서 상당 기간의 입증 절차를 거쳐 모델의 적용성을 인정받아 미 육군의 표준 모델로 사용하고 있고 장비배치 후 일정한 수요형성 기간 동안에 필요한 재고량을 결정할 때 이 모델을 적용하도록 규정하였다. 이에 대해서는 김성호 등 2인, 「동시조달 수리부속(CSP) 소요산출 모델연구」(대전: 국방과학연구소, 1994) pp.9-11을 참조.

OASIS 1.0을 CSP 소요산정 표준 SW로 선정하였다.

1999년 교육사 시험평가처에서 OASIS 1.0의 개선에 대한 소요 제기로 함으로써 국방과학연구소에서 Window 기반의 OASIS 1.5 를 1999년 개발하여 현재까지 활용하고 있다.

이후 보다 실제적인 자료의 입력을 통하여 신뢰성을 CSP 산정을 위한 모델인 OASIS II 개발을 하여 2008년 후반기부터 운용예정 에 할 예정이다. OASIS 발전 단계별 적용된 고려된 요소와 분석기 법은 다음 〈그림 16〉과 같다.

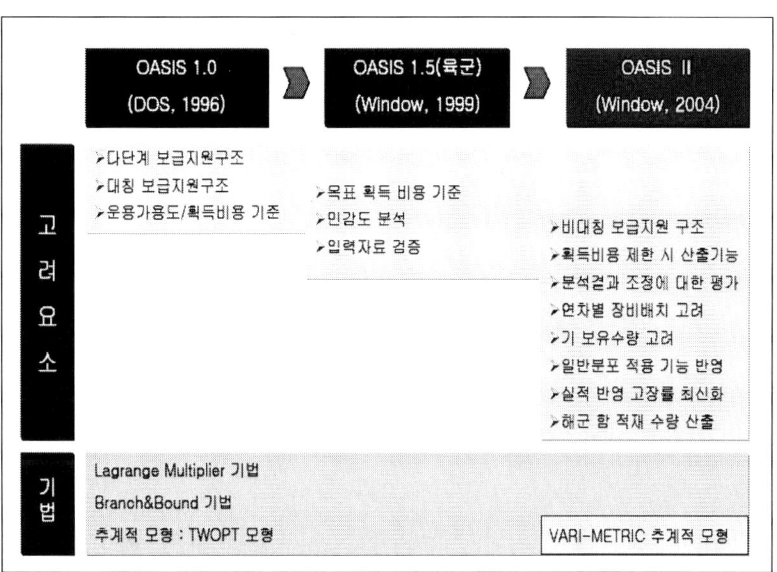


출처: 육군군수사령부, 앞의 책, p.105.

〈그림 16〉 OASIS의 발전 과정

(3) OASIS II 특성

OASIS II는 〈그림 17〉에서 보는 바와 같이 현재 운용 중인 미군의 소요산정 프로그램과 달리 부대-직접-일반-창정비에 이르는 다단계 정비구조를 반영하였고 다단계에 대한 LRU, SRU를 고려한 우리 군의 특성이 반영한 CSP 분석 모델이다.

**〈그림 17〉 OASIS II와 미군 모형과의 비교**

| 구 분 | 한국 군 OASIS | 미육군SESAME('93) | 미공군 ASM(' 96) |
|---|---|---|---|
| 정비 / 보급 개념 | 4계단 정비 / 보급 구조<br>Sparing To<br>Availability(STA)<br>부대의 비대칭 계층구조<br>LRU - SRU - 단품 고려<br>수평보급 미고려<br>동류전용 고려안함 | 좌동<br>좌동<br>좌동<br>좌동<br>LRU - SRU 고려<br>좌동<br>좌동 | 3계단 정비 / 보급 구조<br>좌동<br>좌동<br>좌동<br>좌동<br>좌동<br>동류전용 고려(항공기 득성) |
| 부품고장 / 수리, 재보급 과정의 추계적 모형화 | 안정적 수요 고려<br>Finite Pesource 미반영<br>부품 중복구조 미반영<br>창재고:(S - 1,S)정책 | 좌동<br>Finite Resource 반영<br>부품 중복구조 반영<br>창재고:EOQ 적용 | 좌도(동적모델은 전시용)<br>Finite Pesource 미반영<br>부품 중복구조 미반영<br>창대고:(S - 1,S)정책 |
| Pipeline 수량 | Negative binomial<br>근사식 | 좌동 | 좌동 |
| 최적화 기법 | Lagrange relaxation<br>Branch & Bound technique<br>4계단 총괄 최적화:<br>창 - 일반 - 직접 - 부대<br>SRU 최적화:Heuristic<br>장비간 공통품목 미최적화 | 좌동<br>좌동<br>3계단최적화: 일반 - 직접<br>- 부대<br>창대고 별도산출(충족률)<br>좌동<br>장비간 공통품목 최적화 | Marginal analysis<br>Heuristic algorithm<br>3계단 최적화: 창 - 야진<br>- 부대<br><br>Heuristic algorithm<br>장비간 공통품목 최적화 |

출처: 국방과학연구소, 「ILS 및 LSA 기법 교육」(대전: 국방과학연구소, 2005), p.3.

OASIS II는 기존의 OASIS 1.5와 달리 업체에서 수작업으로 입력자료를 입력하는 것이 아니라 LOADERS II에서 OASIS II의 입력자료가 자동적으로 추출되어 활용할 수 있도록 되어 있다. 이는 업체의 수작업으로 인한 소요, 자료의 신뢰성을 증대하고 분석에 필요한 전 품목을 입력할 수 있어 정확한 CSP 소요산정이 가능하다.

세부적으로 개선된 내용을 보내 다음과 같다.

① 비대칭 보급지원 구조: 기존의 정비부대 수만 고려하는 것과

달리 실제 정비지원하는 정비부대, 전력화 부대수를 고려함으로써 해당되는 정비부대에 CSP 소요량을 할당한다.

② 가용도 / 획득비용기준: 성취해야 할 가용도를 기준으로 CSP 획득 비용을 최소로 하는 CSP 소요를 산정하거나 비용 / 예산의 한도액을 정했을 때 가용도를 최대로 하는 CSP 소요를 산정한다.

③ 연차별 장비 배치: 주 장비가 연차별로 배치될 때 이를 고려하여 배치 시기별 구분하여 CSP 소요를 산정한다.

④ 결과소요 조정: OASIS 분석결과로 산정된 CSP 수량을 임의로 조정하였을 때 운용가용도 및 획득예산을 분석할 수 있다. 이는 예산을 초과하였을 때 예산에 맞출 수 있고 운영용 수리부속의 보유가 많아 이를 활용할 경우 조정할 수 있다.

⑤ 기 보유수량 고려: 기존에 보유하고 있는 CSP 수량을 고려함으로써 불필요한 CSP 구매를 제한할 수 있다.

⑥ 품목의 일반고장분포 고려: 각 품목의 특성이 고려된 고장분포(정규분포, 대수정규분포, 와이블 분포)를 적용하여 CSP를 산정한다. 이는 품목의 고장 분포 특성을 확인 가능 시에 해당 분포를 적용함으로써 정확한 CSP 소요 산정이 가능하다.

⑦ 고장률 최신화: 최초 개발단계에서 적용된 품목의 MTBF를 장비 배치 후 운용 간에 획득되는 야전운용제원을 활용(RAM 분석)하여 최신화시켜 신뢰성 있는 고장률을 적용할 수 있다.

### (4) OASIS의 운용원리

OASIS는 〈그림 18〉에서 보는 바와 같이 3년간 CSP를 운용하면서 장비의 목표운용가용도를 만족시킨다. 목표운용가용도[55]를 기준

---

55) 목표운용가용도는 어떤 무기체계가 정비업무를 거쳐 임의의 시점에서 가동상태에 있는 확률의 목표치로서 임의의 시점에 임무를 부여받았을 때 가동될 수 있는 정도의 목표치를 말한다.

으로 각 정비계단별로 적정소요의 CSP를 할당하여 비용대효과 측면에서 최적의 CSP를 산정하게 된다. 또한 CSP는 목표운용가용도 이상을 만족하기 위해 안전재고량을 유지한다. 안전재고량의 확보가 없다면 장비의 전투준비태세(목표운용가용도)는 떨어지게 되어 무기체계의 신뢰성을 확보할 수 없다. 그래서 항상 목표운용가용도 이상을 만족시키는 CSP 재고를 보유하게 된다.

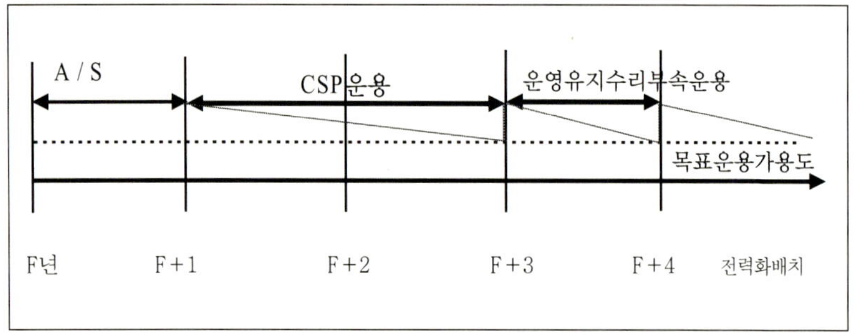


〈그림 18〉 CSP 운용과 목표운용가용도의 관계

## 3) CSP 소요산정

### (1) CSP 소요산정

CSP 소요산정은 신뢰도(MTBF, MTTR, 가용도)자료를 바탕으로 한 이론적인 자료를 OASIS에 입력하여 CSP 소요를 산정한다. OASIS의 소요산정 시 영향을 미치는 요소는 신뢰도(MTBF, MTTR, 가용도)자료, 연간운용시간, 행정 및 군수 지연시간, 정비부대 등과 같은 군 관련 요소, 수리부속 정보 등이 있다. 이 중에서 가장 핵심적으로 영향을 미치는 요소가 신뢰도 자료이다. RAM 분석 및 LSA를 통한 정확한 신뢰도 자료가 산정이 되어야만 OASIS 결과의 신뢰성을 보장할 수 있다.

이러한 OASIS 결과는 이론적인 예측치이기에 실제적인 야전운용 제원(유사장비 운용제원, 기 운용된 CSP 운용제원, A / S 실적 등)을 적용하여 CSP 소요를 산정한다. 정확한 야전운용제원을 수집하여 적용해야만 CSP의 신뢰성을 증대시킬 수 있다.

### (2) CSP **소요산정 절차**

최초 CSP 소요산정은 교육사 주관으로 실시하였다. 교육사에서 OASIS를 운용하고 군수사에서는 교육사에서 운용한 OASIS 결과와 야전운용제원을 고려하여 CSP 소요를 산정하였다. 이후 CSP 소요 산정 업무의 이원화로 상호 협조 및 업무추진의 효율성이 떨어져 2005년 1월 1일부로 군수사에서 CSP 소요산정을 전담하는 것으로 일원화되었다. 2006년 11월 국방부 주관으로 CSP 획득관리업무체계 개선토의를 통해 전문 기관인 방위사업청에서 OASIS SW를 운용하 고 군수사에서는 방위사업청의 OASIS 운용 결과와 야전운용제원을 고려하여 CSP 소요를 산정하도록 지침을 하달되었고 현재 시행하 고 있다.

현재 시행되고 있는 CSP 소요산정 절차는 다음과 같다.[56]
① 연구개발주관기관은 CSP에 대하여 표준 SW 자료를 입력하 고 긴요도부호 부여품목과 확보 가능한 유사장비제원을 작성 하여 사업관리본부장에게 제출한다.
② 사업관리본부는 연구개발주관기관에서 제출한 CSP 입력자료 를 검토한 후 표준 SW를 활용하여 CSP 소요를 산출하고, CSP의 입력자료, 운용시험평가 판정결과와 긴요도부호 부여 품목 자료 등을 함께 소요군에 통보한다.

---

56) 방위사업청, 훈령 제65호, 「방위사업관리규정」(서울: 방위사업청, 2007), pp.137 − 38.

③ 소요군은 사업관리본부에서 통보한 긴요도부호 부여품목, CSP 소요 산출자료, 유사무기체계 및 야전운용 경험자료, 획득 우선 순위 등을 고려하여 CSP 소요를 산정하고 그 결과와 임무 필수품목 목록을 작성하여 사업관리본부장에게 통보한다.

④ 사업관리본부는 소요군의 CSP 소요를 관련 기관 검토와 ILS-MT를 통해 보급소요량 및 납지 등을 확정할 수 있으며, 그 결과를 소요군과 개발기관에 통보한다.

⑤ 자료 부족으로 표준 SW 사용이 불가한 경우 업체추천 품목 및 유사 장비 운영경험자료 등을 근거로 초도 보급 소요를 산정할 수 있다.

⑥ 사업관리본부는 구매 장비의 견적서 확보 시 국외 제작업체를 통하여 외국에서 운영 중인 제원, LSA 및 CSP 소요산출에 필요한 자료를 확보하여 각 군에 제공한다.

⑦ 후속양산되는 무기체계의 동시조달수리부속에 대해 소요군은 표준 SW 산출 값, 야전 운용제원, 기존 보급된 CSP 재고 및 운영 재고를 고려하여 수리부속 소요를 산정하고, 사업관리본부는 ILS-MT를 통해 보급소요를 확정한다.

# 4

## 야전운용제원 수집체계 적용; 문제점 및 발전방안
### (CSP 야전운용제원 수집체계를 중심으로)

# 1. 야전운용제원 수집체계 적용

## 1) 야전운용제원 수집체계 구축 배경

지금까지 이론적인 신뢰도 예측, 미군과 우리 군의 야전자료를 수집하여 적용하는 실태, 그리고 CSP와 OASIS 운용에 대해서 살펴보았다.

여기에서는 정확한 CSP를 산정하기 위해 OASIS 산정결과에 적용하는 야전운용제원을 수집하는 체계에 대해서 살펴보고자 한다.

CSP는 무기체계가 배치 시 추가적인 보급 없이 무기체계의 가동률을 보장하는 수리부속이다. 이는 표준 산출 SW인 OASIS에서 MTBF 등의 주요 고려요소에 의해 적정량의 수리부속이 산정된다. 이러한 OASIS에 의한 결과에 야전운용제원(유사장비 또는 기운용장비의 CSP 운용실적)을 수집하여 적용함으로써 신뢰성 있는 CSP가 산정되어 무기체계의 전투준비태세를 유지하게 한다. CSP는 SDC 체계처럼 일부 지정된 부대 및 장비만 적용하기는 제한된다. 전 장비와 지역적인 특성까지 고려해야만 정확하게 CSP를 확보함으로써 예산 절감과 전투준비태세라는 성과를 달성할 수 있다.

이를 위해 선택적 수집이라는 SDC 체계의 문제점을 보완하고 전군의 자료를 수집할 수 있는 체계의 필요성이 제기되었다. 이를 위해 2006년 5월에 야전부대에서 CSP의 운용실태를 확인하고 7월 군수사 주관으로 국방부로부터 편성부대까지 참석한 가운데 'CSP 활용체계 개선 토의'를 실시하여 CSP의 야전자료 수집체계 구축방향을 제시하였다. 주요 내용은 편성부대의 전력화된 무기체계에 활용된 CSP 사용실적 및 A / S 실적을 획득할 수 있는 야전운용제원 수집체계를 구축하는 것이다. 이를 위해 군수사 정보체계지원실,

군지사 실무자, 야전부대 등의 의견을 수렴하여 현재 운용 중인 군수자원 관리시스템을 활용한 CSP 및 A / S 실적 수집체계를 구축하였다. 구축된 체계는 군지사에서 시험 적용하여 2007년 3월부터 전군에서 운용되고 있다.

여기에서는 현재 구축되어 운용되고 있는 CSP 및 A / S 실적 수집체계가 어떻게 구축되었는지 확인함으로써 전체적인 야전운용제원 수집체계의 방향을 제시하고자 한다.

## 2) CSP 및 A / S 실적 수집체계 실태

### (1) CSP **사용실적 획득 시 제한사항**

CSP 소요산정 시 정확한 사용실적을 적용하기 위해서는 전력화 연도별, 장비보유부대별로 유사장비 또는 기보급 CSP의 사용실적을 적용하여야 한다. 그러나 실제 적용되고 있는 사용실적은 전군 현황이 아니라 군수사와 군지사 간의 거래현황만 적용되고 있었다. 이는 현재 군에서 운용되고 있는 군수자원 관리시스템에서는 전군 CSP 사용실적 확인이 제한되기 때문이다. 〈그림 19〉은 현재 군에서 운용하고 있는 군수자원 관리시스템의 흐름도로 CSP 사용실적을 확인하는 데 아래와 같은 제한 사항이 있다.

① 편성부대 자원관리시스템(FRMS: Formation Resource Management System)[57]에서는 장비를 보유한 부대가 식별이 되나 군

---

57) 편성부대 자원관리시스템(FRMS: Formation Resource Management System)은 1995년도에 2군지사 주관으로 자체 개발하여 전군에 보급된 편성부대 전용 군수자원체계를 말한다. 이는 편성장비, 배당표에 의한 전투준비에 필요한 군수자원을 청구, 수령 / 불출, 정비 / 운영 및 반납을 전산처리하는 체계이다.

수사의 전산체계상에서는 군수사와 거래한 군지사(일반지원정
비대대)에 대한 정보만 식별되기에 장비보유부대의 확인이 어
려워 실제 해당 장비에서 사용한 CSP량의 확인이 제한된다.
② 장비의 전력화 연도를 식별함으로써 CSP 운용 기간 내 사용
된 실적 및 연차별 CSP 사용을 확인할 수 있는데 현 체계에
서는 구분이 제한된다.
③ 전군 CSP의 사용실적을 집계함으로써 해당 장비의 CSP 운용
을 확인하여 CSP 소요산정 시 적용할 수 있으나 현 체계에
선 전군 집계가 되지 않는다.

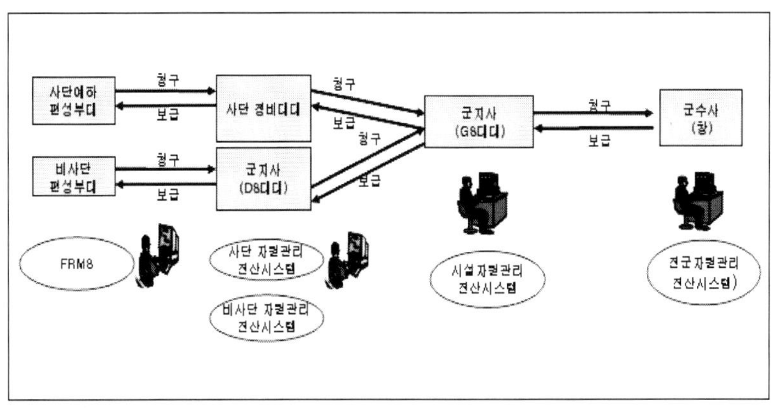


〈그림 19〉 군수자원관리시스템 체계 흐름도

**(2) A / S 실적 적용 제한사항**

A / S 실적은 CSP 사용실적이 형성되기 전, CSP 소요산정 시 해
당 장비의 야전 운용현황을 반영하는 중요한 실 야전운용제원이다.
그러나 대부분 A / S 실적이 제대로 집계되지 않아 실 야전운용제
원을 구축하는 데 어려움이 있다. 이러한 제한 사항은 다음과 같다.
① ZDM 프로그램[58]의 활용성 제한이다. ZDM은 DOS 체계에서

A / S 실적을 집계하는 프로그램으로 편성부대에 별로로 설치하여야 하고 실시간 현황 확인이 제한되며 전력화 연도별, 전력화 장비별로 사용실적 파악이 제한되고 활용성이 저조하다. 또한 A / S 실적에 대한 교환 및 수리가 구분이 되지 않아 실수요를 판단하기 제한된다.

② 분기 1회 업체에서 군지사 및 정비부대에 A / S 실적을 통보토록 규정59)에 반영되어 있으나 실제적으로 업체 A / S 실적이 제대로 획득되고 있지 않다. 예를 들면, ○ 군지사의 경우, 2006년 2월에 14개 업체에 A / S 실적에 대한 협조 공문을 발송하였으나 5개 업체만 자료를 통보하였다. 또한 자료가 팩스로 통보되어 활용 가능한 전산자료(엑셀양식)로 변경해야 하는 제한사항이 있다.

③ A / S 실적 통보 시기 및 양식에 대한 세부 규정이 미반영되어 정확한 A / S 실적을 반영할 수 없다. 이로 인해 군지사별 업체에 요청하는 양식이 상이하기에 업체에 혼란을 야기하고 군에서 필요한 정보의 일부가 누락되어 활용성이 제한된다.

④ 정비부대를 제외한 편성부대 단독 A / S 실시로 편성부대에서 정비소요 발생 시 정비부대에 정비지원을 요청하여 업체 A / S를 실시하여야 하나 직접 업체 A / S 팀에 정비를 요청하여 A / S 실시함으로써 A / S 실적이 구축되지 않고 정비부대의 정비능력 향상을 저하한다.

⑤ 실수요 반영 제한으로 군 A / S 실적 자료와 업체 통보 A / S

---

58) ZDM 프로그램은 CSP 및 A / S 실적자료를 집계하기 위해 편성부대 설치하여 운용한 DOS용 프로그램이다. 이는 월단위로 모듬처리하여 디스켓 또는 국방망을 통해 정비계통으로 보고되어 자료가 구축된다. 2007년 3월부터 A / S 실적집계 프로그램 시행으로 폐지되어 현재는 운용하지 않고 있다.

59) 육군본부, 육군규정 432, 「장비 및 물자 정비규정」(대전: 육군본부, 2007), p.20.

자료 간의 비교분석을 통해서 실수요를 반영해야 하는데 군과 업체 자료의 미흡으로 인해 분석이 제한된다.

## 3) CSP 및 A/S 실적 수집체계를 통한 야전운용제원 적용

### (1) CSP 사용실적 수집체계 구축

CSP 사용실적을 집계하기 위해 〈그림 20〉과 같이 월별로 전력화 장비별 CSP 사용실적이 구축되도록 하였다. 이는 군지사-사단 간, 군지사-비사단 편성부대 간의 월간거래철을 통해 CSP 사용실

| 군지사<br>사용실적<br>집계 | CSP 소모실적관리 화면 |
|---|---|
| 군수사<br>사용실적<br>집계 | CSP 사용 실적 현황 화면 |

〈그림 20〉 CSP 사용실적 집계 화면

적을 추출하여 자료를 구축하였다. 월별로 집계된 Web 기반의 CSP 사용실적 집계프로그램은 각 군지사 인트라넷 홈페이지에 탑재하여 실시간 활용할 수 있도록 하였고 군수사로 월 1회 전송하여 해당 CSP에 대한 전군 사용실적이 집계되도록 하였다. 장비별 현황, 전력화 연도별 현황, 사용 연월일 기준으로 CSP 사용현황을 확인할 수 있도록 구축하였다.

### (2) A / S 실적 집계체계 구축

가. A / S 입력 프로그램 구축

군 A / S 실적을 체계적으로 관리하기 위해서는 자료 입력의 용이성, 실시간 자료입력 및 검색, 자료 구축, 정확한 수요구분(교환 및 수리) 등이 이루어져야 한다. 이를 충족시키기 위해 〈그림 21〉과 같이 Web 기반의 A / S 실적 입력프로그램을 군지사 홈페이지에 구축하였다. 편성부대 또는 정비부대에서 A / S 실시 후에 그 결과를 실시간 입력도록 하여 실적이 구축되도록 하였다. 구축된 자료는 월 1회 군수사로 전송되어 전군현황이 집계되어 활용토록 하였다. 장비별 현황, 전력화 연도별 현황, 사용 연월 기준으로 A / S 실적이 확인될 수 있도록 구축하였다.

나. A / S 실적 표준양식 및 절차 정립

A / S 실적업무 체계를 구축하고 업체 간의 혼선을 방지하기 위해서는 표준화된 A / S 실적양식이 필요하다. 이 표준화된 양식을 적용하여 A / S 실적을 작성함으로써 자료의 작성 및 분석이 용이하고 자료 구축을 할 수 있다. 이를 정립하기 위해 2006년 11월 관련 기관(업체, 군지사 등)의 의견을 수렴하여 표준화된 양식을 작성하였다. 〈표 18〉는 업체 및 군지사 실무자와 토의를 통해서 최종적으로 작성된 표준양식이다.

| A / S<br>실적<br>입력 | **A/S(업체지원) 정비실적 입력**<br><br>**부대정보** — 부대부호: 3872T1 / 부대명: 2군지사 본부/본부대<br><br>**장비소속 부대** — 부대부호: 310180 [검색] (※ 검색시 자동 입력) / 부대명: 1포병 2000포병대대<br><br>**장비정보** — 지원구분: A/S / 적용장비명: 전체<br><br>**수리부속 정보** — 재고번호: 1240375068595 [검색] / 부품번호: (검색시 품목기본철 내용은 자동입력) (재고번호 없는 품목 입력) / 품명: 열상 전자 유닛 / 문서식별부호: ZDM / 적용그룹: C6 / 적용장비: PF / 기능: 1<br><br>**시간정보** — 전력화 년월일: 2007/02/02 / 사용 년월일: 2007/03/12 / ※ 날짜 선택시 숫자 더블클릭<br><br>**사용량 정보** — 교환: 1 / 수리:<br><br>[등록] [다시쓰기] [목록] |
| A / S<br>실적<br>집계 | **A/S 정비실적관리**  A/S정비실적  군지사↔사여단  사여단↔편성  DS대대↔편성  I사용설명서I I육군규정I I2군지사홈I<br><br>기능: 전체  적용장비: 전체  기간: 2006 / 01 / 01 ~ 2007 / 03 / 12 [검색]<br><br>(표 아래 참조) |

A/S 실적 집계 표:

| 순위 | 장비소속부대 | 적용장비 | 문서식별부호 | 기능 | 재고번호<br>부품번호 | 품 명 | 사용량<br>계 | 사용량<br>교환 | 사용량<br>수리 | 전력화<br>일자 | 사용<br>일자 | 지원<br>구분 | 비고 |
|---|---|---|---|---|---|---|---|---|---|---|---|---|---|
| 1 | 수기사 8전차대대 | K1A1전차 | P/D | 1 | 2940375052567 | 필터엘리먼트 | 4 | 4 | 0 | 070227 | 070312 | P/D | □ × |
| 2 | 수기사 8전차대대 | K1A1전차 | P/D | 1 | 4330010463399 | 필터 엘리먼트,유체용 … | 2 | 2 | 0 | 070227 | 070312 | P/D | □ × |
| 3 | 수기사 8전차대대 | K1A1전차 | P/D | 1 | 2940005413502 | 필터 엘리먼트,유체용 … | 1 | 1 | 0 | 070227 | 070312 | P/D | □ × |
| 4 | 수기사 8전차대대 | K1A1전차 | P/D | 1 | 294037A078446 | 필터 엘리먼트,유체용 … | 2 | 2 | 0 | 070227 | 070312 | P/D | □ × |
| 5 | 수기사 8전차대대 | K1A1전차 | P/D | 1 | 294037A136252 | 필터 엘리먼트,유체용 … | 2 | 2 | 0 | 070227 | 070312 | P/D | □ × |
| 6 | 수기사 8전차대대 | K1A1전차 | P/D | 1 | 2940121784804 | 필터 엘리먼트,유체용 … | 2 | 2 | 0 | 070227 | 070312 | P/D | □ × |
| 7 | 수기사 8전차대대 | K1A1전차 | P/D | 1 | 2910121288594 | 필터 엘리먼트,유체용 … | 1 | 1 | 0 | 070227 | 070312 | P/D | □ × |
| 8 | 수기사 8전차대대 | K1A1전차 | P/D | 1 | 2910121428169 | 여과기용 | 1 | 1 | 0 | 070227 | 070312 | P/D | □ × |
| 9 | 수기사 8전차대대 | K1A1전차 | P/D | 1 | 2940375052567 | 필터엘리먼트 | 4 | 4 | 0 | 070227 | 070309 | P/D | □ × |
| 10 | 수기사 8전차대대 | K1A1전차 | P/D | 1 | 4330010463399 | 필터 엘리먼트,유체용 … | 2 | 2 | 0 | 070227 | 070309 | P/D | □ × |

엑셀자료만들기  자료입력  부대정보 : 2군지사 본부/본부대 [로그아웃]  회원정보 수정

[1] [2] [3] [4] [5] [6] [7] [8] [9] [10] ▶▶



〈그림 21〉 A / S 실적 입력 화면

| 장비명 | 부대명 | 장비배치 일자 | 장비일련 번호 | 재고번호 (부품번호) | 품 명 | 수량 | SMR |
|---|---|---|---|---|---|---|---|
| ㅇㅇ장비 | ㅇㅇ사단ㅇㅇ연대 | 20050830 | P01-ㅇㅇㅇ | 5998375068171 | 감지기 | 1 | PAHDD |
| ㅇㅇ장비 | ㅇㅇ사단ㅇㅇ연대 | 20050830 | P01-ㅇㅇㅇ | 1240375068595 | TEU | 1 | PAFDD |

| 고장내용 | 고장조치 내용 | | 고장원인 | 접수일자 | 조치일자 |
|---|---|---|---|---|---|
| | 수리 | 교환 | | | |
| 포탑전원 인가 시 TNB 11번 RIP | | 감지기 교환 | 기동훈련 중 사용자에 의해 발생 | 20060421 | 20060423 |
| 포수 열상화면상 탄장전등 상시 점등 | TEU내 보드수리 | | 예방정비 간 발생 | 20060423 | 20060426 |

A / S 실적 집계 및 통보절차는 〈그림 22〉에서와 같이 A / S 실시 후에 편성부대는 A / S 실적 입력프로그램에 A / S 결과를 입력하고 해당 군지사는 입력현황을 검토한다. 검토된 자료를 월 1회 군수사로 통보하여 A / S 실적 자료를 구축한다. 업체 A / S 팀은 A / S 실적을 엑셀파일로 작성하여 분기 1회 익월 초(10일 이전)까지 군수사에 CD로 통보한다. 업체로부터 월 단위 실적을 접수하는 것이 가장 좋으나 업체의 여건 등을 고려하여 분기 1회로 조정하였다. 군수사는 국방망을 통하여 군지사에 자료를 전송하여 A / S 실적을 분석토록 하였다. A / S 실적분석 후 누락된 현황에 대해서는 A / S 실적 입력프로그램에 재입력하여 실수요를 구축하였다.

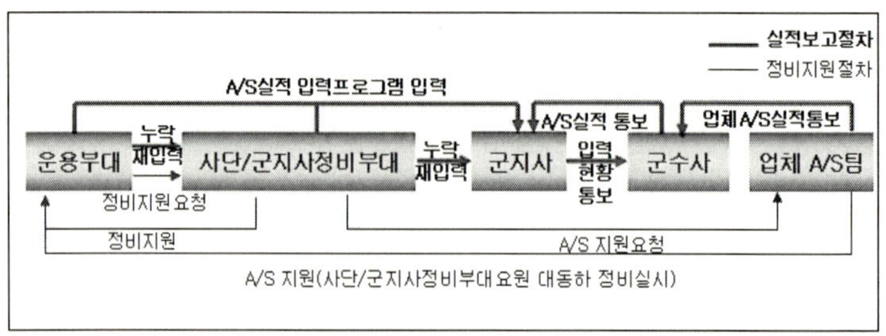

편성부대에서 A / S를 실시할 경우 사단 / 군지사 정비부대 정비요원이 필히 참석하여 업체와 함께 정비를 할 수 있도록 하였다. 이는 정비요원들의 정비능력을 향상시키고 정비실적을 구축하는 데 중요하다. 또한 업체와 군의 A / S 실적자료가 일치시킬 수 있도록 A / S 후 업체에서 검사작업지시서[60]를 3부 작성하여 업체, 편성부대, 정비부대에 각각 1부씩 배부하도록 하였다.

## 4) 야전운용제원 분석을 통한 OASIS 입력자료의 현실화

OASIS SW를 운용 시 군에서 입력해야 하는 자료들이 있다. 이러한 입력자료는 야전에서 운용된 제원으로 야전의 현실이 반영되어야 하는데 대부분 개발기관 제시자료, 규정, 야전교범 등 일률적이고 개략적인 자료의 적용으로 CSP 소요산정의 신뢰성이 저하되는 우려가 있다.

이에 따라 야전에서 실제 운용되는 제원을 확인하고 이를 적용하기 위해 델파이기법[61]을 적용한 신뢰성 있는 야전자료를 구축하여 CSP를 산정하도록 하였다. 수집 대상자료는 동일 축선에 있는 부대라 하더라고 수집되는 자료의 차이가 커 많이 차이가 많이 나는 경우가 있다. 이러한 자료에 대해서는 해당 실무자와 전화 통화를 하여 그 이유를 확인하고 타당성이 있으면 반영을 하고 그 외의 경우는 분석 대상자료에서 제외를 하였다.

---

60) 검사작업지시서는 정비개소 및 수리부속 소요판단, 정비의뢰, 기술검사표, 작업명령서로 사용되고 장비정비 기록부에 월간 정비내역을 제공하며, 직접교환품목 교환 시 사용하는 육군 양식을 말한다.

61) 델파이기법(Delphi technique)은 전문가들을 통하여 문제에 대한 해결방안을 접수 후 접수된 안을 요약하여 다시 전문가에게 제시하여 안을 검토 / 수정토록 함으로써 일반적인 합의에 도달케 하는 의사결정기법을 말한다.

자료 수집은 〈표 19〉와 같이 2회에 걸쳐 실시하였고 대상부대는 창, 일반지원정비대대, 직접지원정비대대, 편성부대를 기준으로 분석을 하였다. 분석 대상자료는 OASIS 운용 간에 필수적으로 필요한 군 관련 자료인 근접정비지원 소요시간, 주문 및 회송시간, 수리회송시간에 대해서 분석을 하였다.

〈표 19〉 야전운용제원 수집 기간, 대상부대 및 수집자료

| 구 분 | | 내 용 |
|---|---|---|
| 대상 기간 | | • 1차: 2006. 8. 10.~9. 15.<br>• 2차: 2006. 9. 20.~11. 3. |
| 부 대 수 | | • 정비창: 3개 부대<br>• 일반지원부대: 13개<br>• 직접지원부대: 20개 부대 |
| 수집대상자료 | 완제품 수리지연시간 | 근접정비지원 소요시간: 각 정비계단별 완제품 수리가 지연되는 시간<br>－지원요원이 운용부대까지 와서 정비할 경우<br>　: 지원요원 및 지원완제품이 부대까지 오는데 걸리는 시간<br>－완제품을 지원부대까지 후송하여 수리할 경우<br>　: 지원요원 및 지원완제품이 부대까지 오고가는데 왕복에 소요되는 시간 |
| | 주문 및 회송시간 | 차상위 정비계단에 수리부속 청구 후 수령하기까지 소요되는 평균시간 |
| | 수리회송 시간 | 고장품목이 수리 의뢰된 시점부터 수리 완료되기 까지 소요되는 평균시간 |

〈표 20〉은 야전자료를 수집하여 최신화시킨 결과와 현재 규정에 반영되어 있는 기간을 비교한 결과이다.

<표 20> 야전운용제원 야전자료 수집 결과

| 구 분 | | 규 정 | 야전자료 수집결과 |
|---|---|---|---|
| 완제품 수리지연시간 | 편성 ↔ 직접 | × | 38시간 |
| | 직접 ↔ 일반 | × | 53시간 |
| 주문 및 회송시간 | 편성 ↔ 직접 | × | 4일 |
| | 직접 ↔ 일반 | 최대15일 | 6일 |
| | 일반 ↔ 창 | 최대25일 | 12일 |
| 수리회송시간 | 부 대 | × | 1일 |
| | 직접정비 | × | 3일 |
| | 일반정비 | × | 6일 |
| | 창 | × | 7일 |

기존에 OASIS를 운용 시에는 군자료는 업체제시자료와 규정 등에 기록된 기간을 입력하여 분석하였다. 그러나 야전에서 운용한 자료를 수집하여 적용함으로써 야전의 현실에 반영된 군자료를 OASIS에 입력함으로써 신뢰성 있는 CSP가 산정될 수 있다.

## 5) 야전운용제원을 적용한 무기체계별 CSP 사용실적분석

CSP 사용실적 수집체계에 의해 구축된 CSP 사용실적을 통해 야전운용제원을 확보함으로써 신뢰성 있는 CSP를 산정할 수 있다. 이렇게 야전운용제원을 적용하여 산정된 CSP가 얼마나 신뢰성 있는지를 분석하여야만 야전운용제원수집에서의 문제점과 보완사항을 식별할 수 있다. 또한 3년간 CSP가 어떠한 형태로 운용되는 추이를 분석할 수 있다. 이와 같은 분석결과를 후속 전력화되는 무기체계의 CSP 소요산정 시 환류함으로써 정확한 CSP 소요산정을 할 수 있다.

여기에서는 CSP 운용 특성을 반영하여 CSP가 3년간 어떻게 운용이 되었는지를 알아볼 수 있도록 하겠다.


### (1) 분석개요

먼저 분석대상 장비에 대한 사항은 다음과 같다.

- 대상장비: K-9 자주포
- 대상품목: 262품목 38,098점 48.71억 원
- 적용 기간: 2001년 1월~2007년 7월까지 사용량
- 분석기준: 보급연도를 기준으로 3년간 CSP 사용실적 적용
- 품목유형: 계획수요품목, 비수요필수품목, 수요품목
- 지형특성: 개활지, 산악 지역
- 부대유형: 군단포병, 사단(기계화), 학교(포병교, 군수교)


분석을 실시하는 데 제한사항은 다음과 같이 식별하였다.
- 2004년 이전 편성부대까지 CSP 보급으로 일부 사용실적 집계
  제한
- CSP 사용실적 집계체계 미흡으로 야전운용자료 획득 제한
- 동일 편성부대에 2년간 전력화로 대대별 보급 대비 사용실적
  분석 제한
- 1999년, 2000년 전력화 장비의 CSP는 통합 보급되어 분석 제한


분석방법은 〈그림 23〉에서 보는 바와 같이, 먼저 CSP 사용실적 집계프로그램을 활용하여 야전에서 실제 운용된 CSP의 사용실적을 수집한다. 이 자료와 OASIS 입력자료에서 확인할 수 있는 부품의 상세정보와 CSP가 연차별로 보급된 현황을 결합하여 무기체계 특성별 CSP 사용실적을 분석하였다.

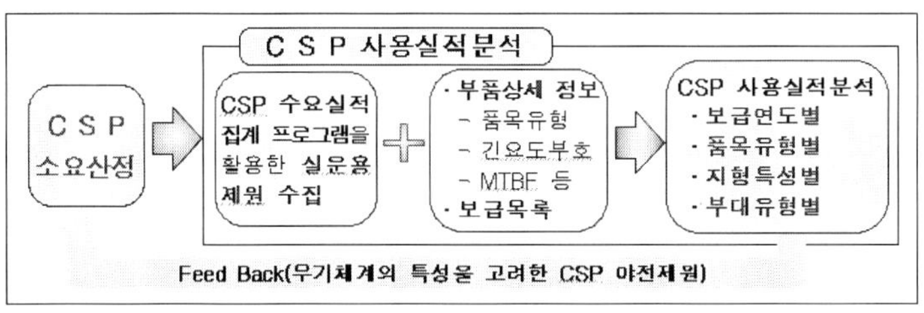


〈그림 23〉 CSP 사용실적 분석 절차

## (2) 분석결과

〈그림 24〉는 위와 같은 사용실적 분석 절차를 적용한 결과이다. 먼저 보급연도별 분석결과이다. 대체적으로 전력화 2년차 이후는 완만한 상승 추세(20% → 30%)를 보이고 있다. 이는 기보급된 CSP 사용결과 반영으로 CSP 사용실적이 증가하기 때문이다. 또한 전반적으로 수량 면에서 50% 이상, 품목 및 금액 면에서 30% 내외 사용하고 있는데 계획수요품목의 영향으로 사용수량은 많으나 품목 및 금액은 저조함을 알 수 있다.

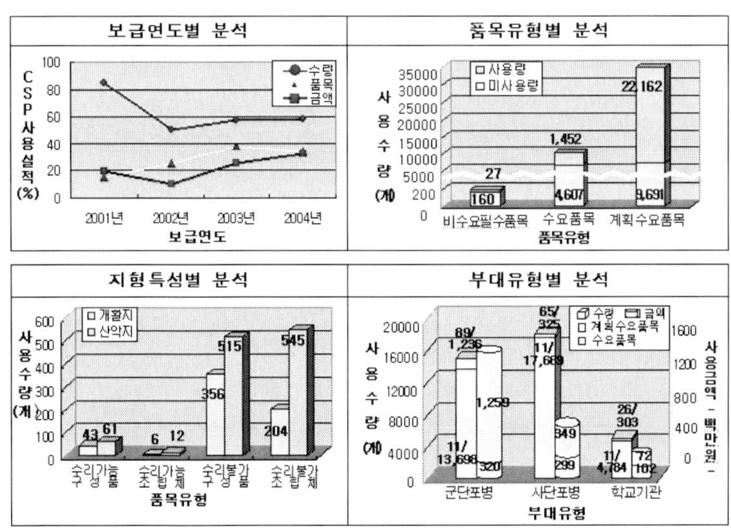


〈그림 24〉 무기체계특성을 고려한 CSP 사용실적분석 결과

다음으로 품목유형별 분석결과이다. 분석은 비수요필수품목, 수요품목, 계획수요품목의 사용량을 비교분석하였다. 계획수요품목의 사용실적이 높고 타 장비에 비해 비수요필수품목이 소량 보급 및 소량 사용되어 비수요필수품목의 영향이 적다. 또한 2005년 이전 OASIS 입력／산출 제원의 신뢰성 저조로 수요품목 사용률 25%로 저조하다.

다음으로 지형특성별 분석결과이다. 분석은 개활지와 산악지에서 사용된 품목을 비교분석하였다. 연간 엔진가동시간(개활지: 276.7시간, 산악지: 166.7시간)[62]을 고려하여 분석한 결과, 개활지에 비해 산악지에서 많은 수량의 CSP 사용하였음을 알 수 있다.

마지막으로 부대유형별 분석이다. 분석은 수요품목과 계획수요품목의 사용량과 금액을 비교분석하였다. 군단포병에서 사용량은 적으나 금액이 많이 차지하고 있는 것을 통해 고단가 품목 많이 사용하였음을 알 수 있다.

이와 같은 결과를 통해서 다음과 같은 기대효과를 얻을 수 있다.


• CSP 소요산정 시 단순 사용결과 적용보다는 다양한 유형별 특성을 고려한 사용실적 분석 및 활용으로 적중률 향상에 기여
• 특정품목 과다사용 원인분석 → 품질개선 소요제기
• CSP로 적절한 품목의 판단근거 제공
  − 단순 체결류 등은 미선정(볼트, 와셔, 패킹 등)
  − 주요 구성품은 필히 선정(전동기 조립체, 회로카드 조립체 등)
• CSP의 고장분포 확인
  − 연차별 동일 품목의 고장을 확인하여 고장분포 확인
  − CSP 최신화 가능(지수분포 → 정규분포, 와이블 분포 등)

---

62) 삼성테크윈, 「K − 9 후속군수지원」(창원: 삼성테크윈, 2007), p.14.

- 운영용 수리부속 소요량 판단근거 자료 제공
- 후속 CSP 소요산정의 정확성 제공

1개 장비에 대해 분석한 결과로 일부 미흡한 부분도 있지만, CSP 사용실적 집계프로그램 활용을 통해 실제 야전운용제원을 획득하였다. 이를 근거로 소요 산정된 CSP가 3년 동안 어떻게 운용되었는지 분석함으로써 후속 전력화 장비 및 신규 무기체계의 CSP 산정 시 환류시켜 신뢰성을 높일 수 있다.


# 2. 야전운용제원 수집체계의 문제점

## 1) 규정에 대한 문제점

지금까지 무기체계를 획득하면서 대부분 주 장비에 대해서 관심을 가지고 개발하였지 ILS 및 야전운용제원 수집체계에 대해서 관심을 가지지 못했다. 우수한 장비를 개발했다고 발표하면서 그에 따르는 군수지원 분야에 대해서는 등한시하였다.

그러나 최근에 이런 ILS 분야에 대한 관심이 높아지고 또한 야전운용제원 수집에 대해 많은 관심을 가지고 있다. 그러나 이러한 야전운용제원 수집에 대한 구체적인 규정이 현재는 정립되어 있지 않다.

〈표 21〉은 현재 야전운용제원 수집관련 규정으로 야전운용제원의 필요성과 중요성을 인식하고 자료의 수집 및 분석, 평가 등에 대해서 부분적으로 명문화되어 있음을 알 수 있다. 그러나 대상 무기체계의 선정방법, 자료식별이나 수집인원, 수행방법 및 처리, 자

료 관리와 분석, 활용 방법 등과 관련하여 구체화되고 세분화된 기준이 없이 실제적인 업무수행이 곤란한 실정이다. 특히, 야전운용제원을 제시하고 이에 대한 자료를 구축토록 되어 있는 소요군(군수사, 야전)에 대해서는 임무만 부여하였지 누가, 어떻게 야전운용제원을 수집하고 DB를 구축해야 하는지 구체적으로 명시하지 못하고 있다.

이런 상황에서 획득되는 야전자료는 신뢰성이 있을 수 없다. 군수사의 경우, 창(보급창, 정비창, 탄약창)과 관련된 업무를 수행하기에 야전운용제원을 수집하는 것 자체가 어렵기에 각 야전부대 및

〈표 21〉 야전운용제원 수집 관련 규정

| 규 정 | 내 용 |
|---|---|
| 국방전력발전업무규정(2008년) | 제88조(군수지원분석)<br>　2. 방위사업청은 소요군과 협조하에 신규 무기체계 개발 시 수집·분석된 유사장비 야전운용제원을 활용하여 각종 군수지원요소를 최적화하여 개발할 수 있도록 관리한다.<br>　5. 소요군에서 야전운용 중 획득된 모든 자료는 방위사업청, 국방기술품질원 및 개발기관으로 환류되어 운용되고 있는 장비의 군수지원요소에 대한 최적화 여부 판단, 성능개량 및 개조 등의 정량적 자료로 활용하고, 차기 무기체계 개발 시 군수지원분석자료로 활용한다.<br><br>제224조(야전운용간 ILS)<br>　③ 방위사업청은 주요 신규장비에 대하여 야전운용자료 수집·분석계획을 수립하여 종합군수지원계획서(ILS-P)에 포함하여 추진할 수 있다<br>　④ 각 군 및 방위사업청은 필요시 야전운용자료 수집·분석 계획을 중기계획에 반영할 수 있으며 업체에 의뢰하여 수행할 수 있다. |
| 방위사업청 훈령65호 방위사업 관리규정 (2007년) | 제293조(램분석 및 군수지원분석)<br>　② 2. 통합사업관리팀장은 소요군과 협조하여 신규 무기체계를 개발할 때 수집·분석된 유사장비 야전운용제원을 활용하여 각종 군수지원요소를 최적화하여 개발할 수 있도록 관리한다.<br>　④ ILS개발팀, 국방기술품질원 및 연구개발기관은 군수지원분석을 위해 운영제원이 필요한 무기체계 및 부품별 야전 경험자료를 각 군에 요청할 수 있다. |

군지사를 통해서만 수집이 가능하다. 그러나 야전부대와 군지사는 군수사의 지휘계통에 있는 부대가 아니라 업무 협조부대이기 때문에 자료 획득 및 수집이 제대로 이루어지기는 현실적으로 어렵다. 또한 야전부대는 기본적인 업무를 수행하기도 바쁜데 야전운용제원을 수집하기 위한 시간을 할애하여 세부적인 자료를 제시하고 보고하는 것은 대단히 어려운 일이다. 이런 여러 가지 측면을 고려하여 단순하게 임무만 부여하는 것이 아니라, 야전운용제원 수집에 대한 실제적이고 세부적인 규정을 정립해야 하는 것이다.

## 2) 조직적인 측면

야전운용제원을 수집하고 분석하는 주관 기관은 대부분 업체라 할 수 있다. 〈표 22〉에서 보는 바와 같이 K9 자주포의 경우, 사업 주관은 군 또는 업체이지만, 실제 자료를 분석하는 기간은 업체임을 알 수 있다.

〈표 22〉 K-9 자주포 야전운용제원 수집

| 구 분 | 비 고 |
|---|---|
| K9 후속<br>군수지원(1차) | • 사업주관: 육본 전력단 포병사업과<br>• 수집부대: 육군 4개 대대, 해병 2개 대대<br>• 방법: 분기단위 수집(군) / 분석(업체) |
| 업체자체추진 | • 수집주관: 삼성테크원<br>• 수집부대: 육군 7개 대대<br>• 방법: 반기단위 SW 입력(군) / 분석(업체) |
| K9 후속<br>군수지원(2차) | • 사업주관: 방위사업청 포병사업팀<br>• 수집부대: 육군 7개 대대<br>• 방법: 분기단위 SW(군) / 분석(업체) |

출처: 방위사업청, 「K-9 후속군수지원」(서울: 방위사업청, 2007), p.5.

이와 같이 자료를 업체에서 분석할 경우, 업체 위주의 자료가 구축되어 소요군에서 활용하는 데 다소 한계 있는 자료가 구축되기 쉽다. 일례로 K-9 자주포의 경우, CSP 사용실적을 분석하는 데 A/S 실적까지 포함하여 CSP 사용실적을 분석하였다. 그러나 CSP는 3년간 운용하는 수리부속이지만 A/S 기간은 제외하고 산정하게 된다. 결과적으로 A/S 실적을 포함함으로써 CSP의 사용률은 높아지게 된다. 이처럼 소요군에서 필요로 하고 정확한 자료를 획득하기 위해서는 소요군에 분석을 할 수 있는 조직이 필히 존재하여야 한다.

또한 야전운용제원이 구축되었을 경우, DB를 구축하고 적극적으로 무기체계 개발 시 반영하기 위해서 노력을 해야 한다. 그러나 이런 업무를 수행하기 위한 소요군의 명확한 조직이 부재하기 때문에 야전운용제원 구축이 제한되는 것이다. 통상적으로 무기체계 획득사업에 참여하는 대부분의 조직은 획득사업이 종료가 되면 사라지게 된다. 조직이 없어지면 그때까지 수많은 노력과 투자를 통해 구축된 자료들도 사장되기 때문에 차후 활용이 제한되는 것이다. 이와 같이 차기 무기체계에 반영하기 위한 야전운용제원은 필히 관리하고 유지할 수 있는 조직이 필요한 것이다. 단순하게 자료를 저장만 하는 것이 아니라 이러한 자료를 분석하고 효율적인 획득반영을 위해서 실제 야전자료를 획득하고 활용하는 조직이 소요군에 절실히 필요한 것이다.

## 3) 야전운용제원 수집체계 측면

대부분의 업체가 야전자료를 수집하는 방법은 다음과 같다. 일부 선정된 부대에 야전운용제원 수집 프로그램을 배포하여 야전부대 실무자에 입력게 한다. 이후 분기 또는 반기 단위로 이러한 자료를 회수하여 분석함으로써 야전운용제원으로 활용한다. 앞에서도 언급하였듯이 야전부대에서 이러한 자료를 입력하기에는 여건이 불비하다. 실제 병사들의 장비 또는 진지에서 해당 장비의 운용제원을 자신의 수첩에 기록하고 부대에 복귀하고 나서 입력프로그램에 입력해야 하는 것은 결코 쉬운 일이 아니다. 또한 입력에 대한 강제적인 조항이 없기에 관심 또한 별로 없다. 따라서 이처럼 획득된 자료의 신뢰성을 보장하기 어렵다.

예를 들면, 현재 야전에서 실시한 A / S 실적을 집계하여 활용하기 위해서 각 군지사에 A / S 실적 입력프로그램을 설치하여 실적을 집계하고 있다. 그러나 업체자료와 비교하여 분석해 보면, 많은 차이가 발생한다. 〈표 23〉는 2006년 10월부터 2007년 9월까지 1년간 업체에서 제시한 A / S 실적자료와 군에서 집계된 A / S 실적자료를 비교하여 군 자료의 누락된 현황에 대한 원인 분석 결과이다. 여기에서 보는 바와 같이 많은 누락원인은 야전부대의 업무 미흡, 업체 A / S 후 미통보, 업체 실무자 교체, 훈련 등을 나타낸다. 이 중에서 업체에서 적극적으로 업무를 수행하지 않는 A / S 결과를 미통보하는 사례를 제외하더라도, 54%가 야전 실무자에 의해 누락이 발생하였다. 이는 A / S 실적프로그램에 대한 운용 교육 및 입력의 중요성을 지속적으로 교육하였음에도 불구하고, A / S 실적 입력 프로그램의 입력에 대해 관심이 없거나 입력하는 방법에 대해서 모르거나 심지어는 입력 프로그램이 있는지도 모르는 경우가 많음을 보여주는 것이다. 또한 실무자가 교체되면 인수인계를 해야 하는데 제대로 하지 않아 누락되거나 훈련 등으로 미입력한 경우도 많다.

<표 23〉 A / S 실적 누락현황에 대한 원인 분석

| 계 | 프로그램 운용미흡 | 업체 A / S 후 미통보 | 실무자 교체 | 훈 련 | 누락사유 미확인 | A / S 미실시 | 기타 |
|---|---|---|---|---|---|---|---|
| 4,414 | 1,886 | 1,511 | 405 | 91 | 332 | 58 | 123 |

업체의 경우는 이러한 자료들이 이윤추구라는 목표와 직결이 되기에 이에 대한 관심을 높지만 야전부대는 사용자라는 입장에서 실적에 대한 관심이 적고 업무 부담으로 제대로 되기가 어렵다.

이와 같은 측면을 보완하기 위해 국방기술품질원에서는 야전부대에 PDA를 분배하여 해당 장비의 고장, 정비, 운용이력을 입력하면 자동적으로 해당 정보가 야전운용제원 수집 프로그램에 전송이 되어 입력이 되는 체계를 구축하고 있다. 이는 일부 주요 전력화 장비에서나 가능하지 전체 장비를 대상으로 하기에는 요원한 일이다. 또한 이와 같은 방법은 진지에서 복귀 후 컴퓨터에 입력하는 것보다는 행정적인 측면은 줄어들지만, 결국 해당 인원이 기름으로 얼룩진 손을 다 씻고 운용 정보를 입력해야 하기에 결국은 야전 실무자에게는 업무 부담은 마찬가지다.

미군에서 적용하고 있는 민간에 의한 SDC 체계를 고려해 볼 수 있는데, 이는 미군에 적합한 체계이지 우리 군에는 적합하지 않다. 미군의 경우 전 세계적으로 분포가 되어 있기에 전체의 현황을 파악하고 활용하는 데 제한이 있어 아웃소싱을 통한 민간업체를 적극적으로 활용하기에 가능하다.

그러나 우리 군의 경우는 한반도라는 한정된 지형에서 모든 작전이 이루어지고 있고 이에 대한 수리부속 지원은 군정비계통에서 대부분 이루어지고 있다. 야전에 SDC체계를 위해 민간 인력을 배치할 경우, 군의 정확한 운용에 대해서 알지 못하기에 정확한 자료를 수집하기 어렵다. 또한 CSP와 같이 전 군, 전 장비에서 운용된 자료가 필요할 경우에는 일부 장비에만 적용하는 SDC 체계를 적용하기에는 한계가 있다. 야전부대 요원에 의해 입력하고 관리해야 하는 부담을 줄이고 SDC 체계와 같이 민간업체에 의해 자료가 수집되는 방법 이외 정확한 야전자료를 수집할 수 있는 체계의 구축이 절실히 요구된다.

# 4) 신뢰도에 대한 문제점

## (1) 신뢰도에 대한 이해부족

현재 야전운용제원을 수집하여 활용하고 있는 신뢰도 중에서 기초적인 자료는 MTBF이다. 이를 통해서 가용도 및 정비도가 산정이 될 수 있기에 정확한 MTBF의 산정이 중요하다. 그러나 대부분 MTBF의 특성을 제대로 이해를 하지 못하여 무기체계의 개발 시 많은 오류를 범하게 된다. 예를 들면, 어떤 품목의 MTBF가 백만 시간일 때 연수(年數)로 계산하면 114년 정도가 된다. 통상적으로 생각하기에는 MTBF가 고장이 나지 않는 시간으로 인지하여 114년 동안은 고장이 나지 않은 것으로 인식하고 있다. 그래서 무기체계가 통상 30년 정도 운용하는데 왜 MTBF가 114년 이상이 되는 품목을 만들어야 하고 이와 같은 품목을 고장에 대비하여 수리부속을 확보해야 하는지 의문을 가진다. 그러나 실제적으로 이 MTBF는 지수분포를 가진 확률적인 값으로 아래의 수식과 같이 지수분포를 통해 MTBF가 산정이 된다.

$$R(t) = e^{-\left(\frac{t}{MTBF}\right)}$$

R(t) = 품목의 신뢰도,

MTBF = 고장 간 평균시간, t = 운용시간

그 구체적인 결과는 〈그림 25〉를 보면 잘 알 수 있다. MTBF가 백만 시간일 경우, 1년에 고장 날 확률은 0.87%이고 10년에는 8.89%이다. 쉽게 설명을 하면, 1000대의 장비가 전력화될 시에 1년에 8개가 고장이 난다는 의미를 포함하고 있다. 또한 114년이 되는 시점에는 고장 날 확률은 63.2%이고 36.8%의 품목은 가동상태에 있다는 것을 의미한다. 물론 이는 이론적인 값이고 확률적인 값이기에 해당되는 시점에 정확하게 고장 난다고 할 수 없다. 그러나 이와 같은 이론적인 배경하에서 야전운용제원을 수집하고 활용하여야만 정확한 야전운용제원으로 활용할 수 있다.

〈그림 25〉 MTBF와 고장 확률의 관계

| FITs | FMH (Fail per 106 Hrs.) | MTBF (Hours) | 1−Year PPM | 1−Year% Failure | 2−Year PPM | 2−Year% Failure | 5−Year PPM | 5−Year % Failure | 10−Year PPM | 10−Year% Failure |
|---|---|---|---|---|---|---|---|---|---|---|
| 1 | 0.001 | 1.00E+09 | 9 | 0.0009 | 18 | 0.0013 | 44 | 0.0044 | 88 | 0.009 |
| 5 | 0.005 | 2.00E+08 | 44 | 0.0044 | 88 | 0.0033 | 219 | 0.022 | 438 | 0.44 |
| 25 | 0.025 | 40,000,000 | 219 | 0.022 | 438 | 0.044 | 1.094 | 0.11 | 2.188 | 0.22 |
| 100 | 0.100 | 10,000,000 | 876 | 0.09 | 1,750 | 0.18 | 4,370 | 0.44 | 8.722 | 0.87 |
| 200 | 0.260 | 5,000,000 | 1,750 | 0.18 | 3,498 | 0.35 | 8,722 | 0.87 | 17,367 | 1.74 |
| 400 | 0.290 | 2,500,000 | 3,498 | 0.35 | 6,984 | 0.70 | 17,367 | 1.74 | 84,433 | 3.44 |
| 1,000 | 1.00 | 1,000,000 | 8,722 | 0.87 | 17,367 | 1.74 | 42,855 | 4.29 | 83,873 | 8.39 |
| 2,000 | 2.00 | 500,000 | 17,367 | 1.74 | 34,433 | 3.44 | 83,873 | 8.39 | 160,711 | 16.07 |
| 4,000 | 4.00 | 250,000 | 34,433 | 3.44 | 67,681 | 6.77 | 160,711 | 16.07 | 295,594 | 29.6 |
| 10,000 | 10.00 | 100,000 | 83.873 | 8.39 | 160,711 | 16.07 | 354,674 | 35.47 | 583,555 | 58.4 |
| 40,000 | 40.00 | 25,000 | 295,594 | 29.56 | 503,812 | 50.38 | 826,573 | 82.66 | 969,923 | 97.0 |

✓ MTBF (Mean Time Between Failure):수리가능 아이템의 고장과 고장 사이의 간격시간들의 평균
✓ FITs (Failure In Time):아이템의 운전시간이 109 Hors 일 때 고장 날 확률
✓ FMH (Failure per Million Hours): 아이템의 운전시간이 106 hours 일 때 고장 날 확률

출처: 한양대 신뢰성분석연구소, 앞의 책, p.8.〈그림 25〉 MTBF와 고장 확률의 관계

### (2) 신뢰도 자료의 획득 및 적용문제

야전운용제원을 수집하여 이를 어떻게 환류하고 적용하는지에 대한 구체적인 방안이 없다. CSP의 경우에는 〈표 24〉와 같이 환류 체계를 구축하고 있어 야전자료를 후속 또는 차기 무기체계에 반영하고 있다. 야전운용제원을 적용하여 CSP 소요산정 시 적용하고 있는 방안은 CSP 사용실적을 토대로 장비 1대당 CSP 소요량을 판단하고 이를 후속 또는 차기 무기체계의 전력화 대수를 고려하는 방법을 적용하고 있다. 또한 MTBF를 최신화 시에도 총 고장 횟수만을 기준으로 적용하고 있다.

〈표 24〉 CSP 야전운용제원 환류체계

| 야전에 배치된 장비의 CSP 사용실적 획득 (CSP 사용실적 집계프로그램 활용) | ➡ | 장비 1대당 운용 실적 확인(해당 장비 배치대수를 고려) | ➡ | 후속 또는 차기 무기 체계의 전력화 대수를 고려하여 CSP 소요량 산정 |
|---|---|---|---|---|

그러나 장비를 구성하는 각 품목은 야전에서 수명주기 동안 다양한 고장 분포의 특성을 가진다. 통상적으로 〈그림 26〉과 같이 6개의 기본적인 고장 형태를 나타낸다. 실제적으로 고장률이 일정한 지수분포를 나타나내는 것은 14%에 불가하다. 이와 같이 품목은

〈그림 26〉 품목별 고장 형태

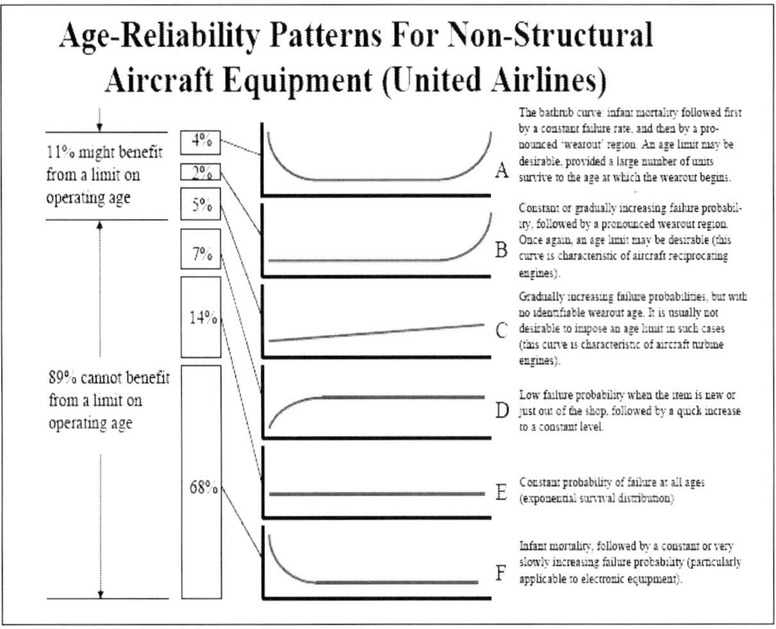



출처: http://newspapermaintenancec.org/2007/RCM_Presentation.pdf
(검색일: 2008년 5월 29일).

수명주기 간 다양한 고장형태를 가지는데, 이를 고려하지 않고 단순하게 장비배치대수만을 고려하거나 고장 횟수만을 통하여 품목의 특성을 반영한다며 정확한 소요산정이 제한될 것이다. 이를 위해서 각 품목별로 적용할 수 있는 분포를 확인하고 이에 대한 DB를 구축해야만 한다.

# 3. 야전운용제원 수집체계의 발전방향

## 1) 규정 개선

신뢰성 있는 야전자료를 수집하고 획득하기 위해서는 명확한 규정이 필수적으로 정립되어야 한다. 왜냐하면 자신이 해야 할 업무와 실행 가능한 부분에 대해 명확하게 식별하여야만 제대된 업무를 수행할 수 있다.

야전운용제원을 수집하는 업무는 전력화되고 실제 야전에서 배치되어 운용되는 시점에서 발생되는 자료를 수집하는 것이다. 그래서 방위사업청, 국방기술품질원보다는 소요군에서 더욱더 관심을 가지고 이러한 업무를 수행해야만 하는 것이다.

야전운용제원 수집에 대한 규정을 반영하기 위해서는 누가, 어느 시기에, 어떤 범위, 어떤 방법으로 하고 어떻게 활용할 것인지를 명확하게 해야 한다.

〈표 25〉는 야전운용제원 수집 규정 반영 시에 고려할 사항에 관해 제시된 내용이다. 여기에서는 목적으로부터 수행절차에 이르기까지 고려해야 할 세부적 사항이 작성되어 있다. 이런 고려사항을 참고하여 소요군에서 업무를 수행할 책임부서와 개발해야 할 범위

를 설정하고 어떻게 업무를 수행할지를 명확하고 수집된 자료를 어떻게 활용할 것인지 반영하는 것이 중요하다. 명확한 수행방법이 결정되지 않으면 신뢰성 있는 자료가 수집되지 않는다. 또한 아무리 신뢰성 있는 자료를 많이 구축한다고 하더라도 정확하게 활용방안이 식별되지 않으면 자료 구축의 의미는 없어진다. 따라서 어떤 자료를 수집할 것인지와 어떻게 활용할 것이지를 먼저 명확하게 설정하고 자료 구축에 나서야 하는 것이다.

〈표 25〉 야전운용제원수집 규정 반영 시 고려사항

| 항 목 | 포 함 내 용 |
|---|---|
| 목 적 | • 야전 운용자료 수집 / 분석 체계의 목표와 책임 / 정책 명시<br>• 야전 운용자료 수집 목적 및 분석결과의 유용성(RAM-D, 군수지원, LSA. 비용분석 등) |
| 범 위 | • 업무총괄기관, 주관기관, 자료 활용 관련 기관 등의 적용 범위<br>• 각종 입력제원의 유효성 / 신뢰성, 관련 규정의 연계성<br>• 수집자료(장비이력자료, 장비 고장정보, 장비정비정보, 장비 운용정보 등) 범위 |
| 활 용 | • 수집자료의 정확성과 신뢰성 요구, 현 장비정비기록내용의 개선 자료제공<br>• 생산 및 운용품질 향상과 군수지원의 적절성 평가, 성능 개선 / 개량 자료 제공<br>• RAM-D 자료 제공, 운용유지비용 기초자료 제공, 경험제원 자료 확보 및 환류 |
| 자 료<br>구 축 | • 야전 운용자료 수집 및 DB 구축 방법 / 관리<br>  * 무기체계별, 주요 구성품별 자료 구축 등 |
| 정 책 | • 자료 수집 형태 및 입력제원 제정 및 사용<br>• 자료 수집 및 분석결과의 신뢰성 및 정책결정자료 활용 |
| 책 임 | • 업무총괄기관, 주관기관, 자료 활용 관련 기관 등의 업무 책임 |
| 수 행<br>절 차 | • 대상 선정, 계획수립, 자료수집 / 분석, 결과평가에 등에 대한 세부계획 수립 및 절차 |

출처: 한봉윤 등 3인, 앞의 책, p.137.

또한 자료를 관리하고 유지하는 데 관심을 소홀히 할 경우에는 어렵게 구축한 자료가 결국 사용되지 않고 도태될 것이다. 당장 활용하고 운용하는 유형 자산이 아니라 차후를 위해서 필요한 무형 자산은 그 효용성이 인정되지 않으면 언제든지 없어질 수 있기 때문이다. 그래서 자료를 제대로 관리하는 데 많은 관심과 노력을 집중하여야 한다. 이에 대한 정책적인 측면, 책임부서, 수행절차가 구체적으로 명시되어야 한다.

## 2) 조직 개선

업체 위주로 실시하는 야전운용제원 수집체계를 소요군 위주의 야전운용제원 수집체계로 변경하는 것이 바람직하다. 그 이유는 동일한 야전운용제원을 수집하더라도 소요군의 관점이 아니라 주로 업체의 관점에서 야전운용제원이 수집되고 분석되기 때문에 정작 소요군에 필요한 자료가 제대로 획득되지 않고 문제를 종종 발생시키기 때문이다. 또한 소요군은 최고 성능 및 최적의 장비를 원하지만 외부기관은 반드시 소요군과의 방향이 일치하지는 않다. 자신의 이익 및 기타 사유로 최고 성능보다는 저예산으로 유지할 수 있는 장비를 선호할 수도 있다. 이를 위해서 소요군에서 정확한 정책과 방향을 결정하고 획득업무의 주도권을 가지고 무기체계를 개발하고 획득하기 위하여야만 소요군이 요구하는 무기체계를 획득할 수 있다.

현재 육군은 정비기술연구소라는 조직이 있다. 〈그림 27〉과 같이 야전/창 정비기술 지원 및 육군 정비기술센터 역할 수행을 위한 기술 연구업무 수행을 임무로 하고 있다. 그러나 대부분의 업무가 창정비라는 5계단 정비에 한정하여 업무를 수행하고 있다. 또한 일부 업무가 상급부대와 중복되어 이중 업무를 수행하는 경우도

있다. 편성자체도 현재 종합정비창 예하의 정비기술연구소로 편성
되어 있어 적극적인 업무 수행이 제한된다.

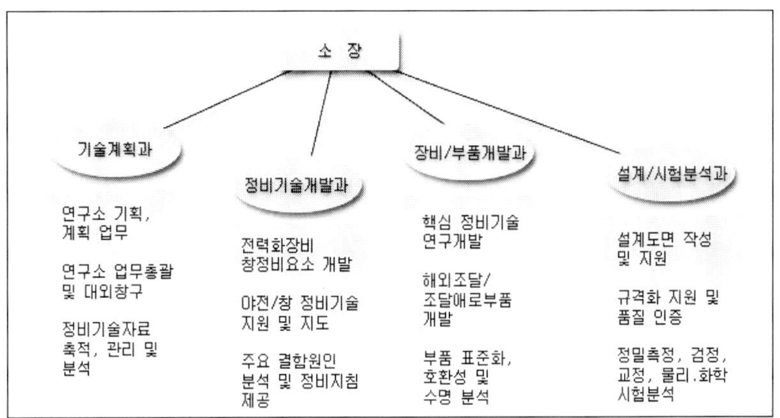


〈그림 27〉 정비기술연구소 조직도

획득체계상에 대부분의 조직이 책상에서만 업무를 수행하는 조
직으로 실제적인 야전실상에는 관심이 부족하고 잘 이해를 하지
못한다. 이에 비해 정비기술연구소를 보면, 창정비 업무를 통하여
구축된 KNOW－HOW와 전문 기술인력들을 보유하고 있어 이론과
실제가 겸비된 조직임을 알 수 있다. 이러한 조직이 야전운용제원
을 수집하고 분석하여 무기체계 개발 시 환류한다면 소요군에서
요구하는 최적의 성능을 갖춘 무기체계가 개발될 수 있을 것이다.

또한 이를 위해서는 정비기술연구소가 종합정비창 예하의 기술
연구소가 아니라 육군의 기술연구소로 소속이 바뀌어야만 소요군의
정비업무를 총체적으로 수행할 수 있는 능력을 갖춘 조직이 될 수
있을 것이다.

## 3) 야전운용제원 수집체계 개선

SDC 체계를 대체하고 소요군이 주체가 되어 야전운용제원 수집을 수행할 수 있는 체계 구축이 필요하다. 2009년부터 운용될 장비정비정보체계가 이런 야전운용제원을 수집할 수 있는 자료를 제공할 수 있다. 〈그림 28〉에서 보는 바와 같이 장비정비정보체계는 무기체계의 전력화 시부터 폐기 시까지 작성되는 각종 입력제원을 기준으로 실시간 자료를 처리하여 목록관리, 소요 / 예산관리, 조달관리, 보급관리, 정비관리 등의 정보자료를 생성하여 각 제대별로 지휘 정보를 활용토록 되어 있다.

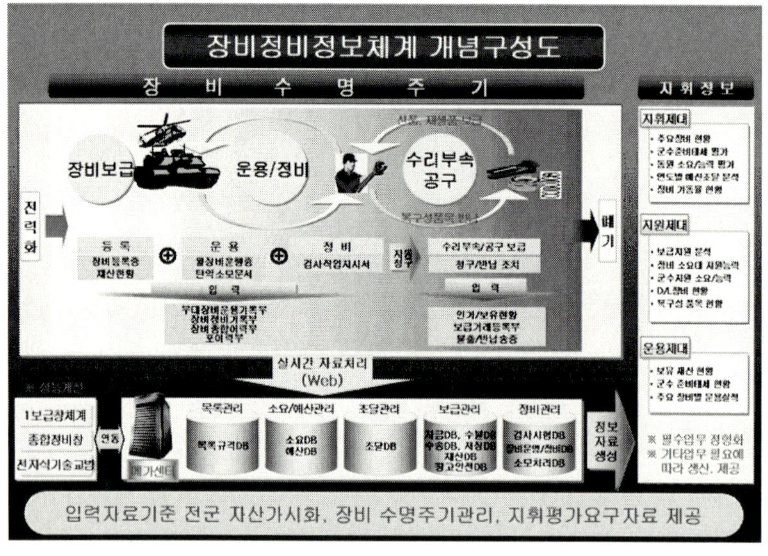


〈그림 28〉 장비정비정보체계 개념 구성도

장비정보 정보체계는 수리부속의 청구와 불출을 통해서 이루어지는데 이러한 행위를 통해 자동적으로 관련 자료가 입력되도록 하는 것이다. 〈표 26〉는 검사작업지시서로써 장비이력자료, 장비정비 정보, 장비고장정보가 식별된다. 〈표 27〉은 월간 운행증으로 장비 운용정보가 식별된다. 또한 이러한 자료는 해당부대만 집계되는 것이 아니라 DB로 구축되어 전군현황 집계가 가능하다.

### 〈표 26〉 검사작업지시서 작성양식

| 장비보유부대 | | 정비부대 | | 장비 재고번호 | 등록 번호 | 장비 호수 | 작명 번호 |
|---|---|---|---|---|---|---|---|
| 부대명 | 부대부호 | 부대명 | 부대부호 | | | | |
| (1) | (2) | (3) | (4) | (5) | (6) | (7) | (8) |

| 장비명 | | 점검종류 | | 입고시작 일자 | 정비 일자 | 정비완료 일자 | 출고 일자 |
|---|---|---|---|---|---|---|---|
| (9) | | (10) | | (11) | (12) | (13) | (14) |

| 문서 식별 | 검사내용 | | | | 상 태 | | 조치 내용 | | 정비 계단 | 고장 원인 | 고장 영향 | 정비 지연 원인 | 비고 |
|---|---|---|---|---|---|---|---|---|---|---|---|---|---|
| | 부속재고 번호 | 품명 | 수량 | 단위 | 최초 | 최종 | 정비 인시 | 정비 금액 | | | | | |
| (15) | (16) | (17) | (18) | (19) | (20) | (21) | (22) | (23) | (24) | (25) | (26) | (27) | (28) |
| | | | | | | | | | | | | | |

### 〈표 27〉 월간 운행증 작성양식

| 부대명(1) | | 부대부호(4) | | 주행 거리 / 운행시간<br>– 궤도 / 기동장비: 거리(㎞)<br>– 궤도 / 일반 / 통신장비: 시간 | |
|---|---|---|---|---|---|
| 장비명(2) | | 장비호수(5) | | | |
| 등록번호(3) | | 사용유류(6) | | 발행관 | 인 |

| 작성 일자 | 행 선 지 | 주행거리(㎞) | | 주행시간(H) | | 유류보충(l) | | 운 용 자 | 사 용 자 | 확인 (서명) |
|---|---|---|---|---|---|---|---|---|---|---|
| | | 운행 전 | 운행 후 | 시작 시간 | 종료 시간 | 재고 번호 | 보충량 | | | |
| (7) | (8) | (9) | (10) | (11) | (12) | (13) | (14) | (15) | (16) | (17) |

야전운용제원 수집양식은 〈표 28〉과 같이 제시할 수 있다. 기본적인 자료는 장비정비정보체계의 검사작업지시서와 월간운행증을 통해 식별이 가능하고 일부 추가적인 제원만 획득할 수 있도록 장비정비정보체계를 보완한다면 실시간으로 사용자가 원하는 야전운용제원(신뢰도 자료, 운용유지 비용 기초자료, 체계개발단계에서의 경험제험 등)을 획득하여 활용할 수 있을 것이다. 이를 통해 실시간으로 수집되는 야전운용제원을 집계하여 무기체계 개발 시 야전부대에 업무적인 부담을 최소화하고 정확한 자료를 구축할 수 있을 것이다.

〈표 28〉 야전운용제원 수집 양식(안)

| 소속<br>부대 | 정비<br>부대 | 장비<br>번호 | 배치<br>일자 | 고장<br>일자 | 주행<br>거리 | 발사<br>탄수 | 엔진<br>시간 | 고장발생<br>장소 | 고장발생<br>시기 |
|---|---|---|---|---|---|---|---|---|---|
|  |  |  |  |  |  |  |  |  |  |

| 고장부위<br>(분류) | 고장<br>내용 | 고장<br>조치 | 정비<br>계단 | 정비<br>부품 | 정비<br>형태 | 정비<br>기간 | 정비<br>인원 | 행정지연<br>시간 | 행정지연<br>원인 |
|---|---|---|---|---|---|---|---|---|---|
|  |  |  |  |  |  |  |  |  |  |

이와 같이 장비정비정보체계상에서 야전운용제원을 수집하여 적극적으로 개발되는 분야는 CSP 관련 분야이다. CSP의 경우는 장비정비체계와 현재 운용 중인 CSP 및 A / S 실적 수집체계를 연동함으로써 기존에 월별로 군지사에서 일부 수작업에 의해 작성된 자료를 군수사로 전송하여 구축하는 체계에서 실시간으로 전군의 야전부대에서 운용하는 실적을 집계할 수 있는 체계로 구축하고 있다.

〈그림 29〉에서 보는 바와 같이 CSP는 CSP 수요현황, CSP 소요현황, CSP 보유현황으로 구분하여 구축하고 있다. 이 중 CSP 수요

현황은 해당 장비에서 사용된 CSP가 장비별, 부대별, 연도별로 구분하여 전군 집계되도록 하여 실시간 전군현황을 확인하고 활용할 수 있도록 구축하였다. CSP 소요현황은 CSP 계약되어 보급된 현황을 식별하도록 하여 전군에서 확인 가능하도록 하였고 CSP 보유현황은 해당 CSP를 전군에 얼마만큼 보유하고 있는지 현황을 식별함으로써 야전부대에서 청구 시 활용할 수 있도록 하였다. 이와 같이 구축된 체계를 통해서 보급연도별, 품목유형별, 축선별, 부대 유형별 사용실적을 분석함으로써 CSP 운용상의 문제점을 식별하고 후속 전력화 장비에 대한 야전운용제원을 활용할 수 있도록 구축하고 있다.

이처럼 다른 야전운용제원 수집 및 활용 분야에 있어 전군, 전 장비에 대한 정확한 실적을 획득할 수 있는 장비정비정보체계를

| 구 분 | 구 축 화 면 |
| --- | --- |
| CSP수요현황<br>(CSP 사용실적) | 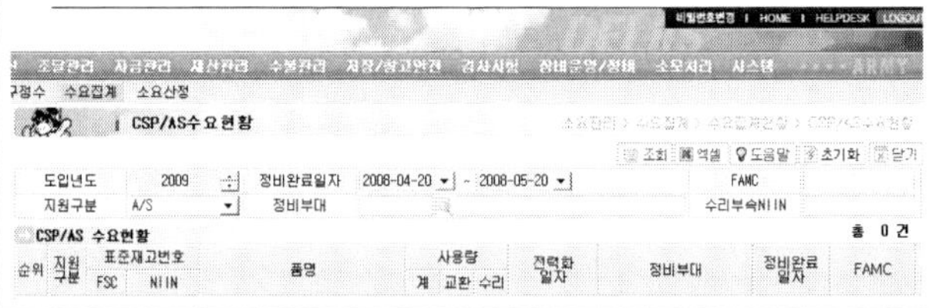 CSP/AS수요현황 화면 |
| CSP 소요현황<br>(CSP 보급현황) | 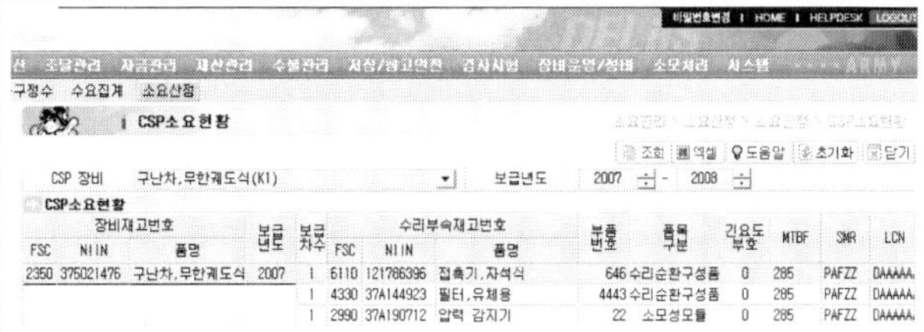 CSP소요현황 화면 |
| CSP보유현황<br>(CSP재고현황) |  CSP/전투긴요품목보유세부현황 화면 |

〈그림 29〉 장비정비정보체계상의 CSP 구축 화면

적극적으로 활용한다면 인력적인 측면, 비용적인 측면에서 효율성
을 가져올 수 있을 것이다.

## 4) 신뢰도 개선

신뢰도 자료를 획득하고 이를 활용하기 위해서는 품목의 특성을
고려한 상태에서 활용하여야 한다. 앞에서도 언급하였지만 단순하
게 지수분포만 적용한다면 다양한 품목의 특성으로 고려하는 데
한계가 있다. 이를 위해서 각 품목에 대한 고장형태를 식별하고 이
에 대한 분포를 식별하여 신뢰도에 적용함으로써 정확한 신뢰도
값을 산정하는 것이 가능하게 될 것이다.

CSP의 경우, 최초 설계 시에 반영된 MTBF 자료는 지수분포를
고려한 자료이다. 이러한 자료는 체계개발 시에 선정된 이론적인
값으로 실제 야전부대에서 운용되는 장비의 MTBF와는 차이 날 수
있다. 이와 같은 차이를 극복하기 위해서 〈그림 30〉에서 보는 바와

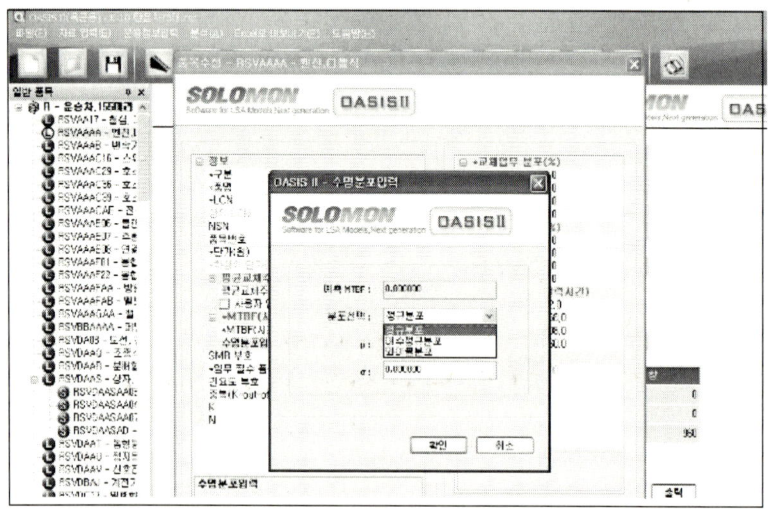

〈그림 30〉 OASIS Ⅱ에서의 품목별 수명분포 입력

같이 CSP 소요산정 시 수리부속의 다양한 수명분포(정규분포, 대수정규분포, 와이블 분포, 지수분포)를 적용할 수 있도록 하였다. 해당 수리부속의 수명분포를 적용함으로써 정확한 CSP 소요산정이 될 것이다.

예를 들면, 초기에는 고장이 발생하지 않다가 5년 이후에 고장이 급속하게 증가하는 품목의 경우, 초기 3년간 운용하는 CSP로는 구매할 필요가 없고 운영유지재고로 구매하게 하여 불필요한 예산낭비를 하지 않게 하여야 할 것이다. 이런 판단은 품목의 수명분포를 통해 확인이 가능하다.

그러나 CSP처럼 수명분포를 고려하여 최신화시킬 수 있는 체계는 있으나 수명분포를 분석할 수 있는 DB 구축은 이루어지고 있지 않다. 활용할 수 있는 DB가 구축되지 않는다면, CSP의 수명분포 적용은 제대로 활용되지 못하고 무용지물이 될 것이다. 이를 위해서 품목별 수명분포를 분석할 수 있는 DB로 구축되어 있어야 한다. 또한 이런 자료들은 단시간에 구축되는 것이 아니라 최소한 10년 이상 누적되어야만 자료로서 활용가치가 있다. 미군의 신뢰도 자료인 MIL-HDBK-217의 경우를 보더라도 40년 이상의 자료가 구축되어 현재에도 활용되고 있다. 오랜 기간 동안 자료를 구축하고 각 품목별 고장의 빈도와 영향을 파악하여 분석함으로써 정확한 품목별 수명분포가 확인될 수 있을 것이다. 이를 위해서는 장기간에 걸쳐 자료를 구축하여 될 수 있도록 조직과 체계를 유지하여야 한다. 이를 통해 무기체계 개발 시 효율적인 성능을 보유한 품목 개발과 야전운용 시 정확한 수리부속 소요산정이 가능하게 될 것이다.

# 맺음말

무기체계가 첨단화, 정밀화될수록 주 장비뿐만 아니라 지원되는 군수지원요소 또한 높은 수준의 기술과 많은 비용이 투자된다. 그렇다고 해서 모든 군수지원요소가 최고의 성능을 가질 필요는 없다. 첨단화되어야 하는 부분과 기존에 개발되어 사용하는 부분을 효율적으로 구분할 수 있어야 한다. 그리고 첨단화될 부분에 대해서도 요구되는 성능을 정확하게 확인하여 개발해야만 비용 대 효과 측면에서 최적의 무기체계를 개발하는 것이 가능하게 될 것이다.

이를 위해서는 ILS에 많은 투자와 관심을 가져야 하고 특히 요구되는 성능을 정확하게 인식하는 데 필요한 야전운용제원 수집에 대한 관심을 가져야 한다. 야전운용제원 수집을 통해 정확한 실적을 구축함으로써 후속 전력화 장비뿐만 아니라 신규전력화 장비에 환류하여 효율적이고 장비의 가동률을 향상시킬 수 있는 무기체계를 획득할 수 있게 되는 것이다.

이런 점을 적절히 인식, 본 저서에서는 다음과 같은 대안을 제시하였다.

첫째, 야전운용제원 수집에 대한 규정 개선이다. 규정상에 임무만 부여해 놓고 소요군에게 야전운용제원을 수집하게 하는 것은 정확한 야전운용제원을 획득하기 위한 방법이 아니다. 소요군의 입장에서 누가, 어느 시기에, 어떤 범위로, 어떠한 방법으로 수집하고 어떻게 활용할 것인지를 명확하게 선정해야 한다.

둘째, 야전운용제원을 수집할 수 있는 조직에 대한 개선이다. 업체 위주의 야전운용제원을 수집하는 것이 아니라 무기체계를 운용하고 활용하는 소요군의 입장에서 야전운용제원을 수집해야 한다. 이를 위해서 새로운 조직을 만든다는 것은 불필요하고 현재 운용 중인 정비기술연구소를 적극적으로 활용하여 이와 같은 임무를 수행케 하는 것이 효과적이다. 정비기술연구소는 야전 및 창 정비기술 지원과 육군의 정비기술센터로서 역할을 수행하는 조직으로 전문 기술인력과 창정비 업무를 통한 KNOW-HOW를 통하여 심도 깊은 업무 수행이 가능하다. 이 조직이 활성화되기 위해서는 현재의 종합정비창 예하 조직에서 육군 직속의 정비기술연구소로서 재편되어야 한다.

셋째, 야전운용제원 수집체계 개선이다. 업체는 자체 작성한 프로그램을 야전부대에 배부하여 분기 및 반기 단위로 자료를 수집하여 활용하고 있다. 이는 야전 현실을 고려한다면 정확한 자료가 수집되기 어렵다. 또한 미군이 적용하고 있는 SDC 체계에서는 우리 군의 정비지원체계 등을 고려한다면 정확한 자료획득이 제한된다. 이를 위해 장비정비정보체계를 활용하여 이러한 야전운용제원을 자동적으로 구축할 수 있도록 하는 것이 효율적이다. 입력을 위한 추가적인 인력 소요나 새로운 프로그램이 필요 없이 수리부속의 청구, 보급, 정비, 운용 시 작성되는 모든 제원이 종합됨으로써 우리가 필요로 하는 야전운용제원이 구축될 수 있을 것이다. 이를 위해서 CSP의 사용실적과 같이 집계하고 분석할 수 있는 체계를 구축하여야 한다.

넷째, 신뢰도 개선이다. 신뢰도 개선이란 단순하게 야전에서 수집된 자료를 가지고 MTBF만을 최신화시키는 것이 아니다. 체계개발 단계에서 적용된 MTBF는 지수분포를 적용하였지만 야전운용제원을 수집하여 최신화된 MTBF는 품목별로 다양한 고장분포를 적용해야 한다. 이를 위해서는 장기간에 걸쳐 품목별 DB를 구축해야 하고 분석을 통한 품목별 고장분포를 식별하여야 한다. 이와 같이 구축된 자료는 정확한 수명분포를 가지고 체계개발 단계에서는 야전운용제원으로 활용, 정확한 CSP 소요산정뿐만 아니라, 주요 구성품에 대한 창정비주기를 결정하는 등 ILS 업무에 중요한 영향을 미치게 된다.

결론적으로 위에서 제시된 야전운용제원 수집방향을 토대로 ILS 업무를 수행한다면, 소요군에서 필요로 하는 효율적인 무기체계를 획득하는 것이 가능하게 될 것이다. 업체에서는 소요군에서 제시하는 야전운용제원을 바탕으로 신뢰성 있는 무기체계를 개발하고 방위사업청은 소요군 입장에서 무기체계가 개발될 수 있도록 적극적으로 업무를 추진해야 한다. 이를 위해서 정확한 야전자료가 수집될 수 있도록 지속적으로 야전운용제원 수집체계를 보완·발전시켜 나가야 되는 것이다. 또한 장비만 야전에 배치하고 나면 모든 획득업무가 종료되었다는 사고에서 벗어나 운용 유지하는 부분의 중요성, 그리고 야전자료의 수집 및 환류체계가 얼마나 중요한 역할을 하는지 제대로 인식하고 이에 적극적인 투자를 해야 하는 것이다.

# 참고문헌

## 1. 국내문헌

국방과학연구소, 「군수지원분석 프로그램 운용 교육」, 대전: 국방과학
　　　연구소, 2006.

국방과학연구소, 「OASIS Ⅱ 사용자 지침서」, 대전: 국방과학연구소, 2007.

국방과학연구소, 「ILS 및 LSA 기법 교육」, 대전: 국방과학연구소, 2005.

김성호, 박삼준, 「동시조달수리부속(CSP) 소요산출모델 연구」, 대전:
　　　국방과학연구소, 1994.

김종하, 「미래전, 국방개혁 그리고 획득전략」, 서울: 북코리아, 2008.

도일재, 표상수, 박희락, 「효과기반 작전(EBO)의 한국적 적용 방안」,
　　　서울: 국방대학교, 2005.

모아소프트, 「Relex Reliability Studio 2006」, 서울: 모아소프트, 2007.

삼성테크윈, 「K-9 운용제원분석 현황」, 창원: 삼성테크윈, 2007.

방위사업청, 「'07 종합군수지원 세미나」, 서울: 방위사업청, 2007.

방위사업청, 「K-9 후속군수지원」, 서울: 방위사업청 2007.

육군군수사령부, 「산·학·연·군 미래 군수발전 세미나」, 대전: 육군
　　　군수사령부, 2008.

육군군수사령부, 「이해하기 쉬운 군수용어집」, 대전: 육군군수사령부, 2007.

육군군수사령부, 「종합군수지원 실무지침서」, 대전: 육군군수사령부, 2008.

육군본부, 「종합군수지원 실무지침서」, 대전: 육군본부, 2007.

육군본부, 「종합군수지원 개발 업무지침서」, 대전: 육군본부, 2005.

이경재, 「획득기획의 이론과 실제」, 서울: 대한출판사, 2007.

이덕영, 「PRICE-HL 모델을 이용한 CSP 소요측정에 관한 연구」, 서
　　　울: 국방대학교, 2002.

이상진,「군수관리와 공학」, 서울: 국방대학교, 2004.

이재천,「국방획득군수 혁신과 CALS」, 서울: 대한출판사, 2005.

임정묵, 김성화,「LSA 프로세스/ 데이터 모델링 및 자료 처리 기법 획득」, 대전: 국방과학연구소, 2003.

임정묵, 김성호, 박삼준, 노효상, 김기백,「통합 DB기반의 LSA 기법 개발」, 국방과학연구소: 대전, 2005.

정용길,「종합군수지원 이론과 실제」서울: 북코리아, 2008.

최선용,「기상무기체계 야전운용 Data 수집 및 RAM 인수 산출 기법연구」, 대전: 국방과학연구소, 1994.

최진호,「군수지원분석자료처리 체계 발전연구」, 서울: 국방대학교, 1999.

한양대 신뢰성분석연구소,「신뢰성 특론」, 대전: 육군본부, 2007.

한봉윤, 김세현, 김성의,「야전운용자료 수집/ 분석체계 구축 발전방안」, 서울: 국방품질관리소, 2005.

한상철, "K계열절차 야전자료 수집 및 분석실태",「국방품질29호」, 서울: 국방품질관리소. 2004.

## 2. 영 문

AR 700 − 127, Integrated Logistics Support, 19th December 2005.

AR 700 − 37, Sample data Collection: The Army Maintenance System, Headquarters Department of the Army, 1986.

David A. Deptula, *Effects −Based Operations: Change in the Nature of Warfare*, Virginia: Aerospace Education Foundation, 2001.

MIL − STD − 1388 − 2B, Logistics Management Information, DOD, 1996.

MIL − PRF − 49506, DOD Requirement For a Logistic Support Analysis Record, DOD, 1993.

James V. Jones, *Integrated Logistics Support Handbook*, Second Edition, 2004.

Willism Fast, *"Sources of Program Cost Growts"* Defense AT&L, March − April 2007.

## 3. 정부 발간 자료

국방부, 훈령 875호, 「국방전력발전업무규정」, 서울: 국방부, 2008.
방위사업청, 훈령 제65호, 「방위력개선 사업관리규정」, 서울: 방위사업
　　　청, 2007.
육군본부, 육군규정 027, 「육군전력발전 업무규정」, 대전: 육군본부, 2006.
육군본부, 육군규정 432, 「장비 및 물자 정비규정」, 대전: 육군본부, 2007.

## 4. 기 타

1. http://www.dtic.mil/pae/paeosg02.html#exb22
2. http://newspapermaintenance.org/2007/RCM_Presentataion.pdf

# 종합군수지원

## Integrated Logistics Support

※ 본 자료는 ILS 업무를 이해하는데 도움이 되기를 바라는
마음에서 최근(2005년)에 미육군에서 적용하고 있는 ILS
규정을 번역하여 본서에 수록하였다.

# 목 차

## 제 1 장

# 제 2 장

# 제 3 장

ILS 개요 및 관리

# 제 4 장



## 부 록



## 용어집

# 제1장 개 관

## 1-1 목 적

본 규정은 국방성 훈령(DODD) 5000.1과 국방성 지침(DODI) 5000.2에 명시된 수명주기 군수관리에 대한 육군의 정책을 규정하고 업무를 분장하기 위한 것이다. ILS는 육군에 의해 의무적으로 수명주기 군수정책과 절차를 수행하고 계획, 개발, 획득, 그리고 육군 무기체계를 수명주기 동안 지원하는 것이다.

## 1-2 참고자료

관련된 간행물 및 참고자료는 별지 A를 참고할 것.

## 1-3 약어 및 용어설명

이 규정에 수록된 약어 및 특수용어는 용어집을 참고할 것.

## 1-4 업무분장

구체적인 각 기관별 업무분장(책임)은 제2장을 참고할 것.

## 1-5 총 수명주기 체계관리

**Total life-cycle system management, TLCSM**

총 수명주기 체계관리(TLCSM)는 획득으로부터 폐기 시까지 시스템 수명에 대한 전투부대의 전투원 성과와 유지소요에 부합하기 위한 명확한 책임과 의무의 한계를 설정하기 위한 것이다. TLCSM 하에서는 생산 및 야전배치 이후에 더 이상 사업관리관(Program Manager, PM)으로부터 지원계통으로의 관리전환은 이루어지지 않는다. 사업관리관은 부여된 사업에 관한 수명주기관리자(Life-Cycle Manager, LCM)로서 시스템의 서비스 수명 전 기간에 걸쳐 관리, 유지, 시스템 업그레이드 등의 책임을 계속 유지하게 된다. 부여된 시스템의 수명주기 전반에 걸쳐 사업관리관은 지원성(Supportability), 비용, 일정, 성능 등과 동등한 것이 되도록 책임을 진다.

### 1-6 성과기반 군수(지원) 개념

**Performance-Based Logistics(PBL) Concept**

a. PBL은 국방성이 무기체계 부품공급을 위해 기획한 제품지원 전략으로, 시스템 준비태세를 최대화하기 위해 계획된 통합성과 패키지(Integrated performance package)로써 지원품목을 구매하는 방법을 사용하는 것이다. PBL은 획득체계에 대해 도출된 지원성 소요와, 책임의 부여, 그리고 이러한 소요를 충족하는 데 필요한 인센티브(유인요소) 등에 대해 정의를 한다. "Milestone B" 이전에 type I (feasibility) 경영상태 분석(Business Case Analysis, BCA)이 필히 실시되어야 하며, Type II (formal) BCA는 전 공정 의사결정 검토(Full-Rate Production Decision Review[63]) 전까지 입증되어야 한다.

사업관리자는 양자 간 절충(Tradeoff) 관계에 있는 전체 시스템의 가용성과 유지를 최대화하며, 반면 군수 영역의 비용과 규모를 최소화할 수 있도록 PBL 전략을 개발한다.

b. 육군은 ILS 절차 내에 PBL을 수행한다. ILS 절차는 육군 부

---

63) Full-rate production decision review는 체계획득 과정 중 "Production & Deployment"에 해당하는 의사결정절차이다. 이 과정에는 ① 소량 초도생산(Low Rate Initial Production, LRIP)과 대량생산의사결정 검토(Full-Rate Production Decision Review)를 포함하는 ② 대량생산 및 배치(Full-Rate Production and Deployment)가 포함된다. *DoD Instruction 5000.2*, May 12, 2003. p.9.

대들의 사용을 위해 획득 또는 개조된 관련 소프트웨어를 포
함해서 AR 70−1[64]의 조항에 의거 획득되는 모든 무기·장
비 체계에 적용된다.

## ※ 참고: 미 국방획득관리체계
### The Defense Acquisition Management Framework

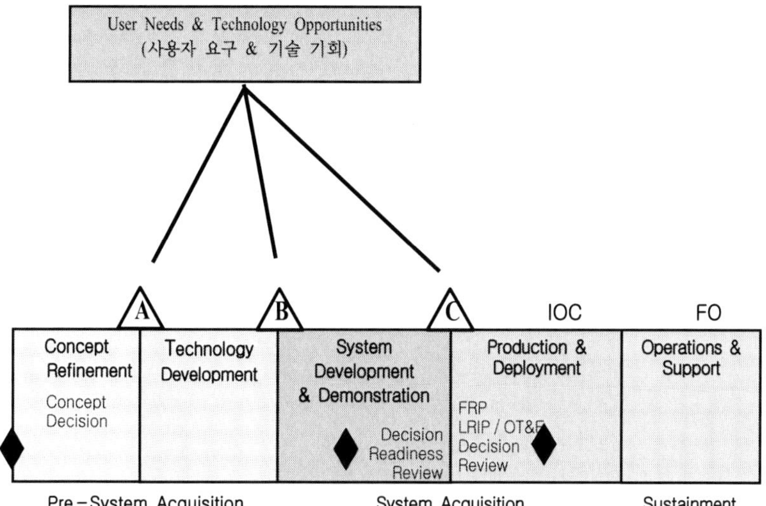


### 1−7 전력중심 군수기획과 ILS 비전
**Force−centric logistics enterprise and the ILS vision, FLE**

a. 국방성은 전력중심 군수기획을 통해 군수 분야를 개혁하고 있다.
FLE는 군수운영과 시스템 지원에 주요한 개선을 가져오는 다음
과 같은 6개 선결요건의 집합체이다.

---

64) AR 70−1: Army Acquisition Policy.

(1) TLCSM은 시스템의 수명에 대한 전투원의 지원 성과와 유
    지소요에 부합하기 위한 책임과 의무의 명백한 방침을 설
    정한다.

(2) 창정비 제휴관계는 생산성을 최대화하고 비용을 절감하기
    위해 국방성의 창으로 하여금 민간부문과의 창정비 제휴관
    계를 확대할 수 있도록 한다.

(3) CBM(Condition-Based-Maintenance) Plus는 정비시스템과
    종합군수 절차를 최적화한다.

(4) End-to-End 분배는 공급원으로부터 전투부대까지의 군수
    품과 정보의 유통을 지원하고 통합한다.

(5) 경영통합은 재설계된 절차와 최첨단 소프트웨어를 통해 軍
    군수지원팀 모든 요원들과 전투부대의 인원들에게 실시간
    에 근접한 지식을 제공한다.

(6) 집행부서는 자원과 능력이 피지원 전투지휘관에게 반응하
    는 것을 확인하기 위해 군수역할과 책임을 구체화시킨다.

b. FLE지원에서 육군의 ILS비전은 21세기에 육군 병력과 합동
   시스템 및 장비에 대한 최상의 그리고 최적의(최저의 수명주
   기비용, LCC) 군수지원과 힘의 투사를 제공하기 위해 간결하
   고(lean), 기민하고(agile), 유지 가능하며, 반응성 있는(올바른
   제품과 서비스를 적시에 제공, right product / service, on-
   time) 절차를 수행하는 것이다.


## 1-8 절 차

a. ILS절차는 관리 및 기술적인 활동에서 통합되고, 반복되는 접
   근방법으로 이를 위하여, 아래의 사항과 같은 내용을 필요로
   한다.

(1) 특정 무기체계의 획득 과정 동안 운영 및 장비 소요 / 능력,

시스템 성과내역(System Performance Specification), 유지성과 정비성 등에 영향을 미칠 뿐만 아니라, 최종 설계 또는 선정(상용 또는 비연구개발품목의 경우)에 영향을 미친다.

(2) PBL 수행

(3) 수명주기 초기단계의 지원성 강조

(4) 무기체계 수명주기에 걸쳐 지원성 전략(Supportability Strategy)의 개발 및 수행을 하는 동안 요구되는 제품지원을 정의/개선

(5) 소요되는 운영단계 제품지원을 최상의 가치로 제공

(6) 운용 수명주기 전반에 걸쳐 무기체계 및 지원체계 내의 준비태세 및 수명주기비용 개선사항을 모색

(7) 시스템 디자인에 그리고, 서로에 가장 상관관계가 있는 제품 지원소요를 정의

b. ILS 절차의 궁극적인 목적은 최소의 수명주기비용으로 유지 가능한 목표와 시스템준비태세목표(System Readiness Objectives, SRO)에 부합하는 현행 및 계획된 환경에서 충분히 지원 가능한 무기체계를 도입하고 유지하는 것이다. ILS 관리절차의 목표는 군수 영역과 군수수요의 수명주기비용 및 주기시간을 절감하는 것이다.

c. ILS는 시스템 엔지니어링 과정의 고유부분으로 다음과 같은 노력을 포함한다.

(1) 지원요소의 식별(지원요소를 설계하고, 설계를 지원하는 것)

(2) 최상의 디자인 대안을 고취 (3) 상세설계에 영향

(4) 지원전략(SS, Support Strategy)을 개선

(5) 무기 및 지원체계 모두의 시험평가에 영향

(6) 필요한 지원소요를 획득 (7) 병력에 대해 지원을 제공

(8) 지원사항의 개선과 무기체계의 도입 및 지원

d. 모든 노력은 그러한 시스템을 운영하고 유지하는 군인과 민간
   인의 능력 및 제한사항에 적합해야 한다는 관념과 함께 달성
   되어야 한다. 이것은 동맹국가, 국방 군수국, 국방성 내에서
   표준화와 호환성을 증진시키는 것을 포함한다.

## 1-9 요 소

a. ILS는 육군의 시스템을 획득, 시험, 배치 및 지원하기 위해 10
   가지 개별 군수지원요소의 개발과 통합을 용이하게 하는 관리
   과정으로 ILS 요소는 다음과 같다.
   (1) 정비계획(Maintenance plan)
   (2) 인력 및 인사(Manpower and personnel)
   (3) 보급지원(Supply support) (4) 지원장비(Support equipment)
   (5) 기술자료(Technical data)
   (6) 훈련 및 훈련지원(Training and training support)
   (7) 컴퓨터 자원 지원(Computer resources support)
   (8) 시 설(Facilities)
   (9) 포장, 취급, 저장 및 수송(Packing, Handling, Storage and
       Transportation)
   (10) 설계 인터페이스(Design interface)

b. 모든 ILS요소는 시스템 엔지니어링 노력의 완전한 부분으로서
   서로 개발되어야 한다. 가용 자원범위 내에서(최저의 수명주
   기비용), 유지 가능하며, 수송 가능하고, 환경적으로 건전한
   체계를 획득하기 위해 요소들 사이에 Tradeoff[65]가 요구된다.

---

65) Tradeoff의 개념은 지원, 운용, 유지를 최적화하기 위해서는 가능한 한
   많은 비용을 필요로 하나, 반대로 제한된 자원으로 인해 수명주기비용
   을 최소화해야 할 필요가 있다. 따라서 운영유지와 비용의 어느 한 면
   을 중시하기보다는 양자의 균형을 잘 고려해야 한다는 것을 의미한다.

ILS 요소에 관해서는 부록 "B"에서 정의 및 논의된다.


### 1-10 획득전략

a. 고도로 민감한 것으로 분류되고, 암호화된 그리고 정보 프로
   그램을 포함한 모든 획득프로그램은 DoD 훈령 5000.1과 DoD
   지침 5000.2에 명시된 특정 핵심활동을 달성하게 된다. 이러
   한 활동은 식별된 능력격차를 해소하는 데 걸리는 시간을 최
   소화하기 위해 맞춰지게 된다. 이러한 조정 작업은 적용 가능
   한 법령에 충분한 고려사항을 제공한다.
   각 단계와 결심지점의 수는 목표에 대한 평가, 획득범주, 위
   험, 제안된 위기관리계획의 적절성과 사용자의 긴급성에 의거
   한 개별 프로그램의 명확한 필요성을 만족시켜줄 수 있도록
   조정된다. 조정된 획득전략은 핵심적 활동이 수행되는 방법,
   검토와 문서화의 공식화 및 기타 지원활동에 대한 필요성에
   의거하여 다양하게 변화한다.

b. TLCSM은 획득전략에 요약된 ILS에 관련된 목표, 대안, 결심,
   계획 및 결과를 확인하게 된다. 획득전략(AR 70-1)에 명시된
   영역은 다음과 같다.
   (1) 군수지원 및 유지개념
   (2) 편성, 임무 및 책임
   (3) 시장조사 계획과 결과에 관련된 지원
   (4) 적용 가능한 PBL 수행
   (5) 적용 가능한 계약자 지원 및 유인대책
   (6) 기술자료에 대한 권리 및 접근성
   (7) 적용 가능한 상용 및 군용 표준 Standards
   (8) 총 소유비용의 절감
   (9) 국가정비프로그램(National Maintenance Program, NMP)과의

인터페이스

(10) 예측, 진단 및 훈련체계의 적용

(11) 자동 식별기술(Automatic Identification Technology, AIT)의 적용

(12) 표준화 및 호환성의 적용

(13) 핵심 창정비와 창정비 전환 계획

(14) 획득과 서비스 협약의 절충

(15) 환경, 안전 및 직업건강

c. ILS 계약을 할 때 소요는 획득전략에 따라 조정되고, 권유문서에 포함된다. 계약자는 권유에 답하여 개발된 제안에서 기술(記述)된 ILS 소요에 부합하기 위해 사용된 접근방법을 정의하는 것이 요구된다. MIL-HDBK-502는 지원성 분석(Supportability Analysis, SA)을 위한 지침으로 사용되며, 군수관리정보(Logistics Management Information, LMI), MIL-PRF-49506은 성과 기반 소요를 지원하기 위해 획득되어야 하는 제품지원 데이터/LMI를 위한 데이터의 산출과 옵션에 대한 데이터 정의/형식에 대한 지침을 제공한다. 관련된 분석적인 노력을 포함하여 ILS 프로그램은 프로그램 관리/시스템 엔지니어링의 요소로서 표현되어야 하며, 변화는 주기적인 통합 기능 검토 동안 평가된다.

d. 작업 분할 구조(Work Breakdown Structure, WBS)는 ILS 프로그램 계약항목을 위해 세목별 비용자료에 대한 형식을 제공한다. 프로그램 관리관은 MIL-HDBK-881에 명시된 지침을 사용하는 각 프로그램에 대한 프로그램 WBS를 조정한다. 많은 계약자들이 ILS 프로그램에 대한 계약항목을 제공하고 있을 때, 그들의 구체적인 책임은 명확하게 기술된다.

## 1-11 육군 ILS 집행위원회(AILSEC)

**Army Integrated Logistics Support Executive Committee**

a. AILSEC는 육군조직의 대표자에게 포럼을 계획하고, 논의하고, ILS 정책현안, 관심사, 절차를 해결하며, 육군 ILS 프로그램 수행에 관한 조언과 협의를 제공하기 위해 설립되었다.

b. AILSEC는 다음과 같은 기능을 수행한다.

(1) 육군성 ILS 검토를 위한 정책과 절차를 개발

(2) 중·장기 ILS 목적과 목표를 수립

(3) 기능소요의 적절성과 확인을 위한 ILS 절차를 검토하며, 이러한 절차는 ILS 절차를 개선하기 위해 확장, 명확화 또는 최신화되어야 한다.

(4) ILS를 개선하는 정책과 절차를 추천하고, 정책·절차의 수립과 수행에 조력한다.

(5) 획득, 군수 및 기술담당 차관보(The Assistant Secretary of the Army(Acquisition, Logistics and Technology, ASA(ALT)) 사무실 내에서 주요 육군 사령부 간의 상호관계와 의사소통을 개선하는 ILS 임무에 우선순위를 정한다: 본부, 육군물자 사령부 수명주기관리본부, LOGSA 및 기타 육군 및 국방성 활동들

(6) ILS 교육, 훈련 및 경력 프로그램의 개발과 협조를 보장

(7) 체계적 군수지원 현안에 대한 해결책을 식별·검토 및 추천

# 제2장 각 관의 책임(업무분장)

## 2-1 회계관리, 감사담당 차관보
### The Assistant Secretary of the Army
### (Financial Management and Comptroller)

회계관리 및 감사담당 차관보는 다음과 같은 임무를 수행한다.

a. 8종 의무 교보재(내장형 교보재 포함)를 제외한 육군 교보재의 계약자 군수지원을 위한 프로그램과 예산에 관련된 많은 요소에 대한 자금 사용에 관한 재정적 지침과 절차를 개발하고 규정한다.

b. 교보재에 대해 프로그램과 수명주기 계약자 지원(Life-Cycle Contractor Support, LCCS)을 지원하는 예산요청을 검토

c. 무기체계를 적절한 운영자금에 포함

## 2-2 획득, 군수, 기술 차관보
### The Assistant Secretary of the Army
### (Acquisition, Logistics and Technology, ASA(ALT)

ASA(ALT)는 다음과 같은 역할을 수행한다.

a. ILS를 포함한 무기체계 획득에 관한 연구, 개발, 시험평가를 감독(AR 70-1 참조)

b. 정책을 수립하고 TLCSM / PBL의 개발과 시행을 감독

c. 획득과 수명주기 군수관리 기능(ILS)을 감독

d. 신뢰도, 가용도, 정비도 정책을 수립

e. 무기체계 종별 형태에 관한 요청을 승인하고, 그에 대한 정책을 수립

f. 육군성 ILS 검토(ILS Review, ILSRs)에 참가

g. 군수와 관련된 고려사항이 미 육군 교육사령부 전투수행과 군수참모부와의 협조관계로 통합되었는지 확인

h. 획득범주 Ⅰ / Ⅱ 프로그램에 대한 BCA와 사업관리자에 의해 준비·제출된 제품지원전략 패키지를 승인

i. ILS 프로그램 관리 및 수행과 관련된 AIT(Automatic Identification Technology, 자동식별 기술) 정책 및 절차에 관한 승인을 확인


## 2-3 군사시설 및 환경담당 차관보

**The Assistant Secretary of the Army(Installation and Environment)**

a. 환경정책과 절차를 수립

b. 군수참모부와 협조하여 환경적 승인을 포함한 환경 고려요소, 위험자재사용, 오염예방 기회 등이 지원성 분석에 통합되는 것을 확인

c. ASA(ALT)와 협조하여 환경평가와 무기체계 지원성을 관리하기 위한 조직을 설치·유지


## 2-4 군수참모부장 The Deputy Chief of Staff, G-4

유지 책임관(the Responsible Officer for Sustainment, ROS)으로서의 군수참모부장은 육군 ILS 프로그램에 대한 책임이 있으며 그 역할은 다음과 같다.

a. ASA(ALT) 사무실에서 ILS에 관한 편성을 지도

b. 준비태세보고서와 야전평가 결과를 활용해서 군수지원성에 대한 효과성을 평가

c. 준비태세 유지기능, 보급근무, 정비, 수송, 항공, 탄약, 안보지원과, 관련된 자동화 군수시스템 관리 등이 총 시스템 수명주

기를 위한 획득과 군수 사이에서 완전히 통합되고, 적절히 균
형을 이루고 있는지 확인
d. 육군본부 ILS 검토회의(ILSRs)에 참가
e. 자동식별 기술(AIT) 정책을 수립
f. AIT 기술, 정비 적용 및 형식을 표준화하고, 비용의 감소와
상호 호환성을 보장하기 위한 정책지침을 제공
g. 군수 분야 종사자들의 전문성 개발을 확인
h. 육군 군수변혁 프로그램을 관리

## 2-5 작전참모부장 The Deputy Chief of Staff, G-3

작전참모부장은 전력(전투)발전과 육군 전력의 배치에 관한 우선
순위 수립에 관한 책임이 있으며, ILS 분야에 대한 책임은 다음과
같다.
a. 최초 생산품 또는 지원장비를 포함한 새로운 장비의 획득품목
들이 기능적 훈련문서 및 절차에 대한 적시적인 훈련개발 및
수립을 위해 훈련기지에 지급되었는지를 확인
b. 육군성 ILS 검토에 참가
c. 육군 운영 및 지원비용 절감 프로그램 기능관리자로서의 역할
수행

## 2-6 시설관리참모부장

**The Assistant Chief of Staff for Installation Management**

시설관리참모부장의 책임은 다음과 같다.
a. 시설 건설 프로그램을 협조
b. 환경 및 시설에 영향을 미치는 ILS 과정을 모니터(감독)
c. 필요시 육군성 ILS 검토회의에 참가

## 2-7 **인사참모부장** The Deputy Chief of Staff, G-1

인사참모부장의 ILS와 관련된 책임은 다음과 같다.

a. 인력 및 인사통합(MANPRINT) 목표에 부합된 지원성 분석의
   최대 활용을 보장

b. 육군성 ILS 검토회의에 참가

c. MANPRINT 프로그램 정책과 지침을 수립 및 전파하고, ILS
   와 MANPRINT 노력의 적절한 통합을 확인

d. AILSEC에 근무할 인원을 지명


## 2-8 **의무감** The Surgeon General

의무감의 ILS와 관련된 책임은 다음과 같다.

a. 모든 무기체계 획득프로그램에 대해 의학적인 관점에서 장비
   개발관(Materiel Developer, MATDEV)과 전투개발관(Combat
   Developer, CBTDEV)에게 잠재적 건강위험과 문제에 관한 충
   고와 상담을 제공

b. AR 40-60과 AR 40-61에 의거하여 군수요원의 지정을 포함
   하는 의무 장비(Ⅷ종)에 관한 ILS 프로그램을 개발

c. 적절한 시기에 육군성 ILS 검토회의 참가

d. AILSEC에 근무할 인원을 지명


## 2-9 **공병감** The Chief of Engineers, COE

공병감은 현역 육군을 위한 시설 건설 프로그램과 부지 획득소
요에 관한 책임을 지며, 그 내용은 다음과 같다.

a. 육군 시설 표준화 프로그램상 지원시설 비용과 영향을 최소화하
   기 위한 시스템 설계의 시설 관련 사항에 관해 장비개발관에게
   조언

b. 장비개발관, 교관/훈련개발관(Trainer/Training Developer, T/TD), 전투개발관으로부터 공식적인 입력과 함께 획득될 주요 사령부(Major Commands, MACOMs)를 위해 장비체계에 관한 시설소요를 식별

c. 시설소요가 논의 또는 결정되고 있을 때 "지원성 통합성과팀(Supportability Integrated Product Team, SIPT)이 수립한 모든 획득범주(ACAT)-수준 프로그램을 위해 全 SIPT에 참가

d. 전투개발관, 장비개발관, 시설관리참모부장(ACSIM), 획득될 주요 사령부(MACOMs), 육군 군수요원, 교관/훈련개발관들과 시설소요를 협조

e. 선정된 지원성 전략에 관한 지원시설 부록(Support Facility Annex, SFA), 야전배치 문서와 적용 가능한 시험계획의 준비를 지원: 필요시 지원성 전략에 관한 공식적인 협조와 최신화를 제공: SFA의 사본을 ACSIM(DAIM-MD), 획득될 MACOMs 및 군사시설에 제공

f. 공병감실이 획득 또는 수명주기관리에 책임을 갖는 시스템에 관해 ILS를 관리 및 집행

g. 육군성 ILS 검토회의 참가

h. AILSEC에 근무할 인원을 지명

i. 교보재에 관해서 계약자 군수지원(CLS)을 지원하는 데 필요한 시설개발 지원


## 2-10 육군성 부차관보

**Deputy Assistant Secretary of the Army(Integrated Logistics Support)**
육군성 부차관보는 유지 분야 책임부서(Responsible Officer for Sustainment, ROS)에 관해 ILS 정책 감독과 수행에 대한 책임을 지며, 그 내용은 다음과 같다.

a. 육군 ILS 및 PBL 정책을 수립하고, 계약자 군수지원(CLS)을 포함하기 위해 ILS 기획, 계획, 집행을 감독한다.

b. ILS 소요가 검증되고, 프로그램과 시스템의 완전한 장비 보급을 지원하기 위해 장비 획득 과정에 포함되는지를 확인한다.

c. Ⅷ종 의무장비와 전략적 통신 체계 보급을 제외한 새롭고, 수정·개량·대체되는 시스템을 위한 육군 군수요원으로서 역할을 수행하며, 획득범주 Ⅰ~Ⅲ 시스템 물자 보급을 위한 견해를 제공한다.

육군성 부차관보는 군수 핵심요원으로서 다음과 같은 역할을 수행한다.

(1) 부여된 모든 획득 프로그램에 대한 지원성 관리와 집행을 평가하기 위해 내부절차 및 기술을 수립한다.

(2) 능력문서, 획득 전략 / 계획, 지원성 전략, 시험계획, 장비 야전배치 문서, 계약 및 권고문서와 기타 프로그램 문서 개발에 참여

(3) 부여된 모든 장비체계에 대한 우선적 통합성과팀 (Overcharging Integrated Product Team, OIPT, PM), 통합성과팀 (Integrated Product Team, IPT) / 현장 통합성과팀( Working Integrated Product Team, WIPT), SIPT, T&E WIPT와 육군 본부 ILS검토 활동 등에 참여

(4) MATDEV, CBTDEV, 장비 부대 및 기타 프로그램 참여자들에게 지원성계획의 결함을 고지. 미해결되는 문제는 OIPT 에 상정

(5) 필요한 기준에 따라 시장조사와 지원성 시험을 감독

(6) MATDEV, CBTDEV에게 시스템 설계와 지원성 전략 개발에 영향을 미치는 가용한 경험과 데이터를 제공.

(7) 일정 의사결정과 기타 프로그램 검토에 참여

(8) 군수참모부장(유지분야 책임관)에게 ICS, G-4/ROS 육군
    소요 감독위원회(Army Requirements Oversight Council)에
    참여토록 준비시킨다.

(9) 필요에 따라 일정 의사결정 검토에서 다가올 시스템에 관
    한 ILS검토(ILS-R)를 소집하고, 의장 역할 수행

d. 모든 획득 프로그램의 수용 가능성, 배치 가능성 및 지원 가
   능성과 관련된 육군본부 군수 입장을 정립

e. AILSEC에 대해 육군본부 제안자와 회장의 역할을 수행

f. ILS 실적을 확인하기 위해 연례 포상계획의 수명주기 군수실
   적을 수립하고 관리

g. 육군본부 및 국방부 소요에 의거하여 효과적인 수행을 보장하
   기 위한 타 육군 참모부 기관과 협조하여 육군 ILS 및 MANPRINT
   에 대한 노력을 감독

h. 육군 획득청/관련 요원들의 수명주기 군수관리 부문에 대한
   육군본부 기능관리자로서의 역할 수행

i. 시스템 지원성 분석 과정과 결과적인 LMI 프로그램을 위해
   육군본부 제안자의 역할 수행

j. 국방성 획득군수 표준화 프로그램을 위한 제안자로서의 역할
   수행


## 2-11 기타 기관장 Other agency heads

기타 육군본부 기관의 장은 다음과 같은 역할을 수행한다.

a. 그들의 책임 영역 내에서 육군본부 ILS 프로그램의 정책, 사
   업지침 및 지원을 제공

b. 필요에 따라 육군성 ILS 검토회의에 참가

c. Milestone 검토 시 중요한 ILS 위험요소와 이슈에 대해 검토

및 토의를 실시

## 2-12 **장비개발관 Materiel Developer, MATDEV**

임명된 사업관리관은 장비개발관인 동시에 TLCSM으로 지정된다. TLCSM에 있어 사업관리관은 유지 분야를 포함하기 위해 부여된 프로그램의 수명주기관리에 책임을 진다. 사업관리관은 부여된 획득 프로그램의 통합된 부분으로서 ILS를 계획하고, 수립하는 데 대한 전반적인 책임을 갖고 있다. 사업관리관은 이러한 책임을 수행하는 데 필요한 물자사령부 수명주기 관리본부(Army Materiel Command Life-Cycle Management Command, AMC LCC) 지원을 필요로 한다.

사업관리관은 AR 70-1에 의거하여 책임이 부여되며, 내용은 다음과 같다.

a. 이 규정을 수행하기 위한 내부 정책, 통제 및 절차를 수립

b. 어떤 시스템의 한 수명주기 단계로부터 다음 단계로의 통과는 오직 모든 지원성 소요가 만족스럽게 달성되거나 또는 지원성 전략 내에서 망라되었을 때임을 확인한다.

c. Milestone B에 앞서

   (1) CBTDEV와 함께 선행 Milestone B 활동에 참여하기 위한 ILS 관리자를 지정

   (2) 최초의 지원성 전략 개발에 참여하고, 국방성 수명주기 모델을 통해 지원성 전략을 최신화

   (3) CBTDEV와 함께 적절한 지원성 분석에 참여하고, 능력문서 개발에 참여하며, 모든 군수지원 영향요소들이 제대로 정립될 수 있도록 기타 모든 획득 프로그램 문서를 준비 또는 검토

   (4) CBTDEV가 議長이 되는 SIPTs의 일원으로 근무

   (5) 모든 획득 범주(ACAT) 프로그램에 대해 시스템의 소요와

기능을 개략적으로 기술한 type Ⅰ BCA 승인을 준비, 제출 및 획득하고, 개발을 위한 PBL 기준하에 시스템 배치를 위한 필요성을 확인

d. Milestone B 또는 사업관리관이 지정되었을 때, 그리고 가능하다면 좀 더 조기에 AR 70-1에 의거하여 지원성 전략의 지속적인 수정과 수행에 따라 SIPT를 선도할 수 있도록 ILS 관리관을 지정한다.

e. PBL이 경제적으로나 운영상으로 타당성이 있다고 결정된다면, PBL이 초기에 지원 대안으로 고려되고, 활용되는 것을 확인한다. (예를 들면 type Ⅰ BCA에 의해 정당함이 증명되는 것)

f. 지원성에 관한 이슈와 우려들이 최초 시스템 배치 전에 시험되는 동안 식별되고 시정되는 것을 확인: 이전에 미식별된 결함과 최초 야전배치 동안 또는 그 이후에 발견된 결함이 시정되는지를 확인.

g. 시스템 배치를 지원하기 위해 소요되는 품목(Item)이 MACOMs의 동의하에 적시·적소에서 사용 가능하도록 확인하기 위해 지원사령부와 장비 야전배치 소요를 확인한다.

h. 시스템 신뢰도, 정비도, 지원도와 같은 핵심 군수 기준들이 시스템 출발점에서 도출되고, 시스템의 군수 영역 Footprint 감소를 위해 조정되는 것 등을 확인.

i. 지원성이 시스템 획득 과정에서 개발, 집행되는 동안 비용, 성과 및 일정(스케줄)과 동등한 것임을 확인. Tradeoff가 획득 과정 전반을 통해 문서화되는지를 확인.

j. ILS와 환경공학 기능들이 시스템 공학 과정 동안 인식되고, 장비체계설계검토(Materiel System Design Review) 동안 집약되는지를 확인.

k. ILS 활동이 지정된 경도 소요(硬度 所要)를 감소시키지 않는

것을 확인할 핵((Nuclear) 효과에 소요되는 저항으로 지정된 시스템에 대한 핵 경도(Nuclear hardness) 프로그램을 개발: 미 육군 핵 및 화학부서와 경도 소요를 협조

l. 지원성, 유지 및 환경계획, 소요, 연구 분석 및 수행을 CBTDEV, COE, 육군 군수요원, 교관, 시험관, 독립 평가관, DLA를 함한 지원사령부, 기타 적용 가능한 兵種(군) 및 부서 등과 협조

m. COE와 함께 지원성 전략에 지원시설 부록의 개발 및 최신화를 협조한다.

n. 지원성 분석을 수행함에 있어 SIPT 관련자들에 의해 사용되는 유사무기체계와 관련된 군수자료를 수집·유지하기 위해 표준 육군데이터 체계를 사용한다. SIPT요원들이 이러한 분석을 수행하기 위해 계약자 자료에 접근이 허용되는 것을 확인한다.

o. 상호 서비스 지원협약을 준비 및 협조하고, 창(廠) 프로그램 착수소요를 시작하며, 장비체계가 동원 또는 급상승 소요를 갖고 있는지 결정하며, 지원성 전략, PBAs, 기타 프로그램 관리문서에 기록한다.

p. 지원성 전략을 식별, 획득 및 수행하기 위한 예산을 획득 및 제공. 필요하다면 기 계획 준비태세의 수준 달성, LCC 목표와 전반적인 지원성 프로그램 집행에 관해 삭감된 예산의 효과를 결정.

q. 지원성이 평가되고, 획득 프로그램이 군수시연(Logistics Demonstration, LD)과 지원성 평가를 위해 충분한 장비 체계 표준 또는 상용 및 비연구개발 품목(Non-developmental Items, NDIs)과 생산품목을 충분히 제공하는 것을 확인한다.

r. 지원성이 LD와 사용자 시험 및 입증 동안 평가되는 것을 확인하고, 결함사항이 초기 시스템 배치 이전에 식별 및 시정되

는지를 확인한다.

s. 필요시 핵심 군수분석, 핵심 창정비 평가와 상호 서비스 연구
가 Milestone B에서 가용성을 보장하기 위해 가능하면 조기에
착수되는 것을 확인한다. 획득 및 지원성 계획 문서화를 개발
함에 있어 주둔국 지원을 고려한다.

t. 군수지원전략, 개념과 계획 및 지원성 전략 문서상 MANPRINT
소요를 포함한다.

u. ILS 원칙이 소프트웨어 개발과 동일하게 적용되는지 확인하기 위
해 후속생산 소프트웨어 지원(Post-production Software Support,
PPSS) 활동을 지정: 지원성을 확인하기 위해 소프트웨어 개발
을 감독: 야전배치 후 소프트웨어 지원을 위한 계획 수립

v. 필요시 육군성 ILS 검토를 지원

w. 교보재가 한 장소 이상의 지역에서 승인되었을 때 분배 및
할당표(Table of Distribution and Allowance, TDA), 교보재에
대한 수명주기 계약자 지원(Life-Cycle Contractor Support,
LCCS)의 관리를 집중화한다.
집중화 관리는 다음과 같은 사항을 포함한다.

(1) 전술과 관련된 무기체계가 변화함에 따라 LCCS를 지원하
고, 교보재를 최신화하기 위해 자원에 관한 기획, 계획 및
예산 편성

(2) LCCS를 위한 협상, 보상 및 계약을 관리

x. 최초 정비개념을 발전시키기 위해 승인된 수리수준분석(Level
of Repair Analysis, LORA) 방법을 채택한다. 이 개념은 경제
적·비경제적 제한사항과 준비태세 소요를 토대로 한다: 인쇄
회로기판에(Printed Circuit Board, PCB) 대한 정비전략을 강조
하고, 운영소요 및 비용 영향요인을 기초로 가능한 먼 전방능
력을 확립한다. 엔지니어링 평가가 최신화되고, 시스템과 함

께 야전경험이 축적됨에 따른 수명주기 전반을 통해 수리수
준분석을 상호작용적으로 수행한다.

y. 병과학교와 함께 모든 정비할당표(Maintenance Allocation
Chart, MAC)를 협조한다.


## 2-13 장비 관리부대 Materiel Command

a. 핵심적인 장비 관리부대는 AMC이다. 기타 장비관리 부대는 미
육군 정보/보안 사령부(Intelligence and Security Command, INSCOM),
미 육군 공병단(U. S Army Corps of Engineers, USACE), 미 육
군 의무연구개발 사령부(U. S Army Medical Research and
Development Command), 미 육군 우주 미사일 방어 사령부(U.
S Army Space and Missile Defense Command) 등이다.

장비 관리부대 지휘관들은 다음과 같은 역할을 수행한다.

(1) 주요한 ILS 정책과 절차에 대한 승인을 확인하기 위해 ILS
/지원성 조직을 구성하며, 부여된 TLCSM에 매트릭스 지
원을 제공한다.

(2) 지원성 전략이 개발, 획득, 집행되는 동안 SIPT에 참여하기
위해 장비개발관에 의해 요청될 때 ILS 관리자를 지명한다.

(3) 최소의 LCC로 군수지원을 최적화하고 군수 영역을 감소시
키기 위해 필요한 분석적 노력을 지속하기 위해 ILS 원칙
을 적용하고, 야전연습 기간 동안 수집된 데이터뿐만 아니
라, 평시 작전활동 기간 동안 수집된 데이터를 활용함으로
써 무기체계 전 수명주기에 걸쳐 장비개발관을 지원한다.


2-13 a. **節의 책임에 부가하여 AMC 사령관은 다음과 같은 책임**
**을 진다.**

(1) LOGSA(Logistics Support Activity, 군수지원활동)와 함께
    수리수준분석을 포함한 지원성 분석절차와, LMI 프로그램
    을 위한 육군성 집행관으로서의 역할 수행

(2) ILS 고려사항들이 새로운, 그리고 개량 / 업그레이드된 시스
    템의 설계에 적용되었는지, 그리고 LOGSA의 지원으로 상
    용 및 비연구개발품목이 선정되었는지 등을 확인하기 위해
    필요성 지원성 분석 기술지원을 제공

(3) 필요시 LOGSA를 통해 DoD 지원성 분석 지원활동 수행

(4) 군수참모부장의 협조로 군수요원(ILS 관리자 및 전문가)
    및 ILS-관련 엔지니어들에 대한 군인 및 민간인 경력개
    발 프로그램을 수립하고 지원.

(5) 사업집행관(PEO) / PM, 기타 장비개발관, 장비 관리부대에
    필요시 ILS관리자와 다른 기능지원을 제공하고, 세부 지원
    사항이 제공되어야 할 합의각서에 동의한다.

(6) 합동 서비스 획득 군수 표준화 프로그램(Joint Service Acqui-
    sition Logistics Standardization Program)에 참여

(7) AILSEC에 대표자 제공

(8) 육군 장비체계 분석기구(Army Materiel Systems Analysis
    Agency)를 통해 육군 평가단(Army Evaluation Center, AEC),
    그리고 DASA(ILS)에 모든 획득범주 수준 프로그램의 군
    수지원성 평가를 위한 지원성 분석을 제공

(9) 부식 예방 및 통제의 적용에 관해 기술적 지침을 사업관
    리, 판매자, 야전지휘관에게 제공

(10) 기본적 군수체계(예, 하드웨어, 소프트웨어 등)와 배치된
     장비에 대한 기능적 지원, 여하한 PM과 계약된 지원과의
     협조 및 백업 등을 계획하고 제공한다.

(11) AR 700-90에 의거하여 ASA(ALT)와 PEO / PM에 산업

적 기초 지원을 제공

(12) PBL개념(만일 BCA에 의해 증명된다면)이 획득 과정 전반에 걸쳐 사용되는 것을 확인함과 아울러 BCA의 개발을 감독하고 지원

(13) 지원성 전략에 입력자료 제공

(14) 무기체계의 유지를 지원하기 위한 단일 육군 군수 기획의(Single Army Logistics Enterprise, SALE) 구조를 제공하고, PBL전략을 위한 통합 최고 직무 수행 제공

(15) LOGSA를 통해 전자식 기술교범이나 IETM에 대한 육군성 집행관으로서의 역할 수행

(16) LOGSA를 통해 지원성 / ILS 계획지침과 소프트웨어 툴 등을 제공

(17) 육군성 ILS 검토에 참여


## 2-14 전투개발관 Combat Developer

교육사령관은 핵심적인 전투개발관이다. 제Ⅷ종(의무 장비)에 관한 전투개발관은 미 육군 의무사령부(MEDCOM)이다. 기타 전투개발기관에는 INSCOM과 네트워크 기획 / 기술사령부 / 제9 육군 통신사령부 등이 포함된다. 전투개발기관은 운영 및 지원개념: 교리, 편성 및 전력구조를 발전시키고 이러한 전력구조를 장비시키기 위한 장비 소요를 결정한다. 사용자의 대표기관으로서 전투개발기관은 시스템 개발 노력이 사용자의 요구와 부합될 수 있도록 확인한다. 지원성 프로그램이 사용자 요구를 충족하는 것을 확인하기 위해 전투개발기관은 다음과 같은 임무를 수행한다.

a. 이 규정을 수행하기 위한 내부 정책, 절차, 기술 등을 수립한다.

b. 아래와 같은 사항에 의하여 능력문서를 개발하는 기능으로서, 적용 가능한 지원성 분석과 Tradeoff를 수행한다.

(1) 군수 소요, 제한사항, 시스템 설계변수와 시스템 준비태세
목표(System Readiness Objectives, SRO)의 수립

(2) 성과에 기초한 옵션의 특정 고려사항과 함께 운영 및 시스
템 지원개념 운영대안을 포함하기 위한 대안 분석 수행

(3) 소요 군수, 운영 성과, LCC 목표 및 준비태세 소요에 기초
한 명확하며, 측정 가능하고, 시험 가능한 지원 관련 장비
소요 또는 변수를 개발한다.

(4) 시스템이 도입될 기간의 계획된 정비능력에 관한 제안된
시스템의 영향요인을 평가

(5) 임베디드 진단, 계측기(의 고안), 예측 및 유사 정비 가능요
인 사용을 용이하게 하는 그들의 능력에 관해서 개념과 기
술을 평가

(6) 요구되는 임무 운영환경을 수행하고 지속시키기 위한 시스템
의 전반적인 능력의 토대를 형성하는 가용도, 신뢰도, 정비
도, 상호작용성, 인력 및 전개 영역을 포함하기 위해 능력
문서에 포함하기 위한 핵심성과와 이와 관련된 지원 변수
를 확인하는 것.

(7) 능력문서에 시스템 정비도, 운용도, 지원도 및 자동 식별
기술(Automatic Identification Technology, AIT) 고려요소들
을 포함하는 것.

c. 지원성 개념을 최초 능력문서(Initial Capability Document, ICD),
능력개발문서(Capabilities Development Document, CDD), 능력
생산문서(Capabilities Production Document, CPD) 등에 반영
문서화

d. 획득절차 전 단계(폐기 시까지)를 포함하는 개략적인 수명주기
비용 추정 값(예측 값)을 개발하고, 이를 ICD에 반영 문서화

e. 무기체계의 전 수명주기에 걸쳐 모든 지원성을 위한 고려사항

들이 모든 능력문서에 통합되는 것을 확인한다. 이러한 문서
는 ILS POC를 지정함으로써 완성되는데, ILS POC의 임무는
다음과 같다.

(1) 최초 SIPT를 구성하고 지원성 분석을 준비.

(2) 지원성 분석을 활용하여 최초 지원성 전략을 발전시키고,
생산지원전략(Product Support Strategy)이 획득전략에 반영,
문서화되는 것을 확인

(3) 적절한 군수 매트릭스, 기준 및 예산 소요를 획득 프로그
램 기준선에 포함

(4) 지원성 평가 항목을 훈련개발관, 시험관, 평가관, 육군 군
수요원 및 기타 프로그램 참여자들과 협조하여 개발하고,
적합한 군수 고려요소들과 시험요소들이 시험·평가 계획
(Test and Evaluation Master Plan, TEMP)에 반영되는 것을
확인

(5) 프로그램에 대한 사업관리자가 지명된 후 SIPT에 참여

f. 의사결정, 프로그램·ILS 검토 등에 참여

g. MATDEV, 육군 군수요원, 기타 프로그램 참여자들에게 지원
성과 환경 프로그램에 영향을 미치는 변화요인들에 대해 정보
를 제공하고, 군수 변화정책을 충분히 고려.

h. 최초 야전에 배치된 시스템의 운영과 지원, 유지지원에 필요
한 기술을 개발하기 위해 교관에 의한 훈련 프로그램의 수립
과 수행을 확인

I. I MATDEV와 협조하여 ILS 소요와 제한사항이 장비체계의
계약·권고·공급원 문서에 포함되는지를 확인

j. 지상전개 및 분배사령관−수송평가국관(Military Surface Deploy-
ment and Distribution Command−Transportation Evaluation
Agency, MSDDC−TEA)과 장비체계의 수송성 및 기동소요를

협조하여 정의하고, 개발 과정 동안 부대기동 영향요인을 평가
k. MATDEV, MACOMs 등과 협조하여 최초운영능력(Initial Operational
   Capability, IOC) 일정을 위한 지원조건과 소요를 설정
l. 지원개념을 발전시킴에 있어 계약자 지원의 활용 여부 결정을
   MATDEV와 협조: 필요하다면 지원 및 획득부대와 협조하여
   계약자 지원을 수행하기 위해 필요한 절차를 협조
m. AILSEC를 지원하기 위해 대표자를 제공


### 2-15 시험평가관 Testers and Evaluators

a. 시험평가관의 책임은 다음과 같다.
   (1) 적합한 지원요소와 개념을 시험평가 프로그램 및 계획에 포함
   (2) 승인된 시험평가 마스터플랜에 의거하여 지원소요 / 능력,
       개념을 시험 및 평가
   (3) 군수지원성에 관한 시험평가 개념, 목표, 범위와 ILS 이슈
       (인력, 지원 아이템 훈련, 설비, 시설, 시험자료, 독특한 개
       념 및 Milestone)를 개발하고 이러한 사항들을 CBTDEV,
       육군 군수요원 및 독립적인 시험평가관 등과 협조한다.
   (4) 지원성 소요에 영향을 미칠 수 있는 유사 배치장비에 관한
       자료를 MATDEV 및 타 프로그램 구성원에 제공한다.
   (5) 시험평가 WIPT, OIPT, SIPT, 육군성 ILS 검토 등에 참여
   (6) 시험평가계획 및 결과보고(제Ⅷ종, 의무장비 제외) 사본을
       DASA(ILS)(SAA1-ZL) 및 다른 SIPT 요원들에게 제공
       한다. 제Ⅷ종 보급품(의무장비)에 대한 사본을 육군 의무물
       자기구(U. S Army Medical Materiel Agency, USAMMA),
       MCMR-MMT-E, Fredrick, MD 21701-0501 등에 제공한다.
       의사결정 및 프로그램 검토를 위한 DASA 또는 USAMMA
       평가를 승인하기 위해 시험결과 보고서가 적시에 가용하지

못할 때 믿을 만한 시험자료가 제공될 수 있다.

(7) 환경에 관한 시험의 영향요소가 고려되고 문서화로 반영되는지를 확인하기 위해 시험실시 전 MATDEV와 협조 여부를 확인한다.

b. 육군 시험평가 사령부(The Army Test and Evaluation Command, ATEC)의 책임

(1) 육군성 Pam 700 − 28에 의거하여 모든 부여된 프로그램에 대한 지원 가능성을 포함하기 위해 운영적합성을 진단 / 평가

(2) 소요 / 능력문서, 획득계획, 지원성 전략, 시험계획, 장비배치문서 및 통합 프로그램 개요 등에 변경요인을 검토하고 권고.

(3) IPT 회의, IPR 회의 및 다른 회의에서 ILS와 환경에 관한 문제에 대해 제언

(4) 지원 가능성 및 운영시험을 감독

(5) 지원성에 관한 문제와 그것이 미치는 영향을 식별하고 해결책을 모색하는 것을 지원: 지원성 향상을 위한 시스템 설계에 영향: 미결된 현안을 OIPT에 상정.

(6) 시험평가 마스터플랜(TEMP)과 평가계획이 ILS 현안을 제대로 반영하는지 확인

(7) 상용 또는 비연구개발품목의 획득과 관련해서 제조업자로부터 접수한 기술자료에 관해 검토 및 의견을 제시. 이러한 자료는 공식적인 시험의 단축 또는 생략 시 사용될 수 있다.

(8) ILS평가 입력요소를 DASA(ILS)에 제공하고, 만일 DASA(ILS)가 ATEC 주장에 동의한다면 ILS 및 환경조사 결과 및 의견을 협조한다.

(9) AILSEC에 대표자를 파견

### 2-16 지상전개 및 분배사령관-수송평가국(MSDDC-TEA)

**Commander, Military Surface Development and Distribution Command -Transportation Evaluation Agency**

MSDDC-TEA 사령관은 다음과 같은 책임을 수행한다.

a. 시스템 획득 기간에 MATDEV, CBTDEV 및 다른 구성원들에게 수송성 공학 Transportability Engineering 지원, 전개 가능성 분석 지원, 설계지침 및 필요한 승인사항 등을 제공

b. 획득 과정 전반에 걸쳐 CBTDEV, MATDEV를 위한 수송 가능성 및 전개 가능성 평가를 제공

c. 모든 수송성과 관련된 사안에 대해 모든 기관 및 DLA와 연락을 확인.

d. 요청 시 SIPT에 참여

e. 새로운 무기체계에 대한 수송절차가 MSDDC-TEA지침에 포함되는지를 확인.

f. 요청 시 육군본부 ILS 검토에 참여

g. AILSEC에 대표자 파견

h. 최종 수송 가능성 승인을 제공하거나, "Milestone C" 이전에 승인을 얻기 위해 필요한 시정조치를 제공. MSDDC-TEA로부터 수송 가능성 승인은 "Milestone C" 이전에 요구된다.


### 2-17 교관 / 훈련개발관 Trainer / Training Developers, T / TD

핵심 T / TD는 교육사이다. 기타 T / TD와 관련된 부서는 AMC, MEDCOM, INSCOM 및 USACE 등이다. T / TD 요구를 충족하기 위해 T / TD가 ILS에서 수행해야 할 책임은 다음과 같다.

a. SIPT에 참여

b. 훈련(소요되는 훈련 포함)과 교보재 소요를 결정

c. 훈련능력을 개발 또는 획득하고, 통합을 보장하기 위해 타 SIPT

요원들과 분석과 데이터 요구를 협조

d. 최근에 야전 배치된 시스템의 운영 및 지원과 이미 야전 배치
된 시스템의 유지 분야 지원을 위한 완벽한 최초 및 그 이후
의 훈련을 제공.

e. 훈련시설 소요의 개발을 위해 시스템 훈련계획을 결정하고, 공병
감실과COE(OCE), (CEEB-EA), 획득될 주요 사령부에 MACOMs
제출

f. 야전 운영 및 훈련, 교리, 편성과 배치된 시스템 간의 적합성
을 평가하기 위해 교육훈련 평가를 수행

g. 교리·훈련·전투 개발관과 기타 적합한 활동부서에 평가, 환
류와 교훈을 제공

## 2-18 기타 요원 Other Participants

타 기관요원들은 시스템 획득 과정에서 그들의 기능 영역 내에
서 이 규정의 소요와 관련하여 정책, 프로그램 지침, 지원, 검토 및
분석에 대한 책임을 갖는다. 이러한 내용은 적합한 ILS 및 ILS 관
련 문서의 시기적절한 검토, 승인 또는 제출과 지원성 전략 및 통
합 야전 배치 문서에서 식별된 과제 현황의 달성 여부 및 결과보
고를 포함한다.

## 2-19 육군 주요사령부 gaining Major Army Commands, MACOMs

육군 주요 사령부 지휘관은 새로운 시스템의 수령, 성능개선 / 업그
레이드 및 폐기 등의 계획에 의해 ILS 과정에 참여하게 된다.
MACOM 지휘관의 임무는 다음과 같다.

a. 예상되는 시스템의 작전적 운용과 지원에 관한 문제에 대해
육군 군수요원, MATDEV, CBTDEV에게 조언을 제공한다.

b. 국가 환경정책법(National Environmental Policy Act, NEPA)

제651조 Title 32와 미 연방규정집에 의해 요구되는 환경 분석을 포함하는 새롭고, 개량 / 최신화되거나 혹은 대체되는 장비의 수령을 위해 필요한 개선된 계획과 프로그램을 수행한다. 그리고 비록 있다 해도 OCE에 의해 지원시설 부록(Support Facility Annex, SFA)에서 확인된 시설소요를 충족시키는 데 필요한 설비 획득 프로그래밍을 수행한다.

c. 부대 / 활동(수정 편제장비표 Modified Table of Organization, MTOE) / TDA 승인된 문서들이 인원, 보급품 및 장비의 획득 시 적시에 가능하도록 최신화되었는지를 확인한다.

d. PBL전략을 활용하여 장비체계에 대한 성과 기반 협약서(Performance-Based-Agreement, PBA)에 대해 협상 및 서명 실시.

e. NEPA, per32 CFR 651에 의해 요구되는 필요한 환경분석을 실시한다.

f. MACOM은 배치되는 장비체계의 서명 날인된 PBA의 제공을 MSC와 협조한다. PBA는 지휘관, USARPAC; 군수참모부장, 작전참모부장에게 제공된다.

## 2-20 국방성 군수국 Defense Logistics Agency

DLA는 국방성 임무와 동시에 군수 전투지원기관이며, ILS, TLCSM, PBL, LCCS, CLS, ICS와 같이 육군이 도입하고, 힘을 쏟아야 하는 통합공급사슬관리(Integrated supply chain management)와 군수해결방안 등의 임무를 수행한다.

DLA의 책임은 다음과 같다.

a. 생산지원 / PBL 기획의 초기에 참여하고, 무기체계, 서브시스템 및 구성품 등을 아울러 공통적인 지원을 돕는다.

b. End-To-End 통합 공급사슬관리 및 다음과 같은 군수해결방안을 제공한다.

(1) 공급, 목록화, 군수정보관리 / 서비스 / 제품.

(2) 소모성 부품 지원과 서비스 제휴

(3) 범세계적 저장소 및 분배 서비스

(4) 범세계적 폐기 및 비군사화 서비스

c. 육군 무기체계, 서브시스템, 구성품에 대한 지원을 제공하기 위해 선정되었을 때 육군 사업관리관, 지휘관, AMC, PBL 제품지원 통합관(조직상: 상용 또는 공공-민간 제휴), 기타 적합한 육군활동의 지휘자, 전투원과 함께 PBA에 서명

d. 적절한 때 다음과 같은 협의체에 참여하기 위해 적절한 DLA 조직과 야전활동으로부터 대표자를 제공.

(1) 육군 ILS 집행위원회(AILSEC)

(2) 종합군수지원 검토 회의(ILSRs)

(3) 지원성 통합지원팀(SIPTs)

(4) 우선 통합지원팀(OIPTs)

(5) 통합 지원팀(IPTs)

(6) 실무 통합지원팀(WIPTs)

(7) 공정 간 검토 회의(IPRs)

(8) 시장 전망 및 조사 Market survey and investigation

(9) 후속 군수지원 계획수립과 후속 야전배치 평가

(10) 예비 상세설계 검토

(11) 준비 검토와 회의

(12) 공급원 선정

# 제3장 ILS 개관 및 관리

## 3-1 지원성 통합지원팀
**Supportability Integrated Product Team, SIPT**

a. SIPT는 실무차원의 IPT로서 능력 창출과 획득절차 모두를 지원하기 위해 설치된다. 전투개발부서인 교육사령부 제안자인 전투발전학교는 전반적인 ILS 기획과 집행을 협조하기 위해 모든 ACAT Ⅰ/Ⅱ와 선정된 ACAT Ⅲ 획득 프로그램에 대한 개념 정련(Concept Refinement) 단계에서 SIPT를 설치한다. Mileston B 또는 사업관리관이 지명되었을 때, 지정된 MATDEV ILS관리관은 SIPT 의장직 책임을 맡게 된다.

b. SIPT 구성원들은 최적의 PBL 전략 또는 ILS 개념을 결정하기 위해 PBL개념과 ILS프로그램 문서를 발전시키고, 지원성/Tradeoff 분석을 수행한다. SIPT는 사업관리관에게 ILS와 관련된 기획, 프로그래밍, 집행의사결정을 추천한다.

c. SIPT는 실무조직체로 구성요원의 역할과 책임은 지원성 전략에 규정된다. SIPT는 통합된 노력을 보장하기 위해 시험평가 WIPT와 훈련지원 작업그룹 등과 같은 다른 기능적 그룹과 더불어 일해야만 한다.

d. SIPT 회원은 다음 기관의 대표자들로 구성된다.
   (1) 사업집행관/사업관리자(PEO/PM)
   (2) AMC 수명주기 관리본부 Life-cycle management command
   (3) 교육사 예하 학교의 전투개발관(CBTDEV)
   (4) 국방 군수국(DLA)
   (5) 미 육군 공병단(USAEC)

(6) 육군 군수요원(DASA(ILS))

(7) 시험 및 평가관

(8) 군 지상배치 및 분배사령부(MSDDC)

(9) 군수 혁신 센터 Logistics Innovation Center

e. 이때에 프로그램의 범위로 인해 회원은 제한될 수 있다.
MATDEV에 의해 ILS 관리관이 지정될 때 회장직은 전환되며,
SIPT 회원은 필요에 따라 확대된다. 타 육군 참모기관들이 적절한
때 회원으로 고려된다. 육군이 다군 획득 프로그램(multiservice
acquisition program)에서 주도 군일 때, SIPT는 각 참여 軍으로부
터 지명된 대표자들을 포함한다. 국제적 관심(예: 해외 군사판매
Foreign Military Sale, FMS 또는 국제적 협력 등)에 관한 잠재력
이 있다는 것이 예견될 때마다 이러한 특별한 이유로 인해 안보지
원 대표자들이 SIPT 회의에 참여하기 위해 포함된다.

f. 비ACAT Ⅰ / Ⅱ 또는 PEO에 의해 관리되는 시스템에 관해서
는 적합한 지휘부 및 기구들이 시스템 복잡성과 소요에 의하
여 결정된다.

g. PBL이 획득 프로그램을 위해 수행될 때, 성과 지원 통합관
은(Product Suupport Integrator, PSI) 사업관리관의 ILS관리자
와 함께 SIPT의 공동의장이 되며, 프로그램 의사결정, 검토
및 평가 시에 동등한 발언권을 갖고 참여한다.

h. 육군성 ILSR은 OIPT 과정을 통해 끝나지 않은 문제를 해결
하기 위해 소집되며, 의사결정 검토(Milestone Decision Review,
MDR)시 잠재적인 문제를 식별한다. ILSR은 현안문제의 최근
현황과 프로그램 현황에 대한 영향요인들을 제공하기 위해 포
럼을 개최한다.

또한 ILSR은 비용과 위험의 수용 가능한 수준에서 지원성을 최
대화하고, 환경 영향요인을 최소화하기 위해 후속단계에 대한 전략

을 발표한다.

육군이 획득노력을 주도할 때 이 ILSR은 육군 또는 타 군을 위해 획득되고 있는 모든 ACAT Ⅰ/Ⅱ 및 선정된 ACAT Ⅲ 시스템에 적용된다. 육군 군수요원은 시스템 ILS관리자 및 타 SIPT 요원들과 협조하여 ILSR을 위한 프레젠테이션을 발전시킨다. ILSR은 해결되었던 이슈를 요약하고, 진행되고 있는 조치와 결부된 행동을 세분화하는 ILS(요약집에서 평가등급 정의를 사용하는)의 각 요소별로 제안/평가를 실시한다. ILSR의 일정계획은 끝나지 않고 남아 있는 문제를 해결하기 위해 OIPT의 발의를 반영한다.

### 3-2 ILS 관리자 ILS Manager, ILSM

a. ILSM은 Milestone B 또는 프로그램 관리자가 획득 프로그램과 관련된 모든 수명주기 관리 지원성 행동을 위한 중심으로서 근무할 것이 지정되었을 때 MATDEV에 의해 설치된다. ILSM은 CBTDEV로부터 SIPT 회장에 대한 책임을 부여받게 된다.

b. Milestone B 또는 사업관리자 지정 이전에 ILSM은 CBTDEV와 함께 협조해서 일을 하도록 지정된다. 시스템의 획득, 개발을 위해 주도자로 지명된 PEO가 ILSM을 지명하게 된다. PM이 지정되었을 때는, PM이 ILSM을 지명한다. ILSM 대표는 초기 ILS 및 프로그램 의사결정에 참여하고, CBTDEV, ICT의 구성요원이 된다.

c. ILSM의 기능(적용 가능하다면 공동의장 및 SIPT로부터 지원을 받는) 다음과 같은 사항을 포함하되, 거기에 제한을 받지는 않는다.

  (1) 획득 과정 전반에 걸쳐 필요에 따라 지원성 전략을 정련하고, 업데이트한다.

(2) 획득전략 및 지원성 전략의 개발을 지원하기 위해 수행되
는 시장조사에 참여한다.

(3) MANPRINT가 모든 지원성 기획 노력에 통합되는 것을 확
인한다. ILSM은 프로그램 사이즈, 복잡성 또는 다른 요인
들이 허락할 때 MANPRINT 관리자로서의 역할을 수행한
다. ILSM이 MANPRINT의 역할을 하는 것이 실질적이 아
닐 경우 노력의 중복을 방지하기 위한 상호지원 책임을 제
공하기 위해 그 양자(兩者)는 최후로 조정된다.

(4) 군수 소요 및 제한사항이 고려되는 것을 확인하기 위해 설
계준비 검토에 참가

(5) 시험, 측정 및 진단장비(Test, Measurement and diagnostic
equipment, TMDE) 지원소요를 "Milestone C" 이전에 육군
시험, 측정 및 진단활동과 협조(AR 750-43 참조)

(6) 공급원 선정 과정에 참여, 공급원 선정 과정은 수립된 선
정 기준과 관련된 각 제안의 장점을 merit 평가하기 위해
사용된다. 제안된 군수개념과 절차는 최고의 가치를 획득
하는 궁극적인 목표와 더불어 효과성(사용자의 관점으로
본)과 비용의 관점에서 평가된다.

(7) PBL이 시스템 개발과 유지에 대해 필수적인 분야임을 확
인한다.

(8) 최적의 PBL 및 제품 지원 전략을 결정하기 위한 지원성
기획 분석 및 Tradeoff를 수행

(9) PSI, 전투부대와 함께 PBA의 협상에 참여


## 3-3 성과 기반 군수 Performance-Based-Logistics, PBL

a. PBL은 시스템의 준비태세를 최적화하기 위해 고안된 통합성
과 패키지로서의 구매방법을 채택하는 무기체계 제품지원을

위해 제안된 "제품 지원 전략(product support strategy)"이다.

b. PBL은 그것이 운영적인 면에서나 경제적인 면에서 타당성이 있을 경우에 모든 육군의 ACAT Ⅰ/Ⅱ 프로그램에 대해 실행된다. PBL은 PM의 재량에 의해 ACAT Ⅲ 프로그램에 대해서도 수행된다.

c. PBL의 기본원칙은 운영·경제적인 면 양자의 지원결과를 측정하는 높은 수준의 Metrics 사용하는 것이다. PBL은 권한과 책임의 분명한 선과 함께 성과협약에 의거하는 지원구조를 통해 시스템에 대한 성과목표를 달성하고, 무기체계의 성과목표를 충족시킬 것이다. 또한 책임이 부여되고, 이러한 목표를 달성하기 위한 인센티브를 제공하며, 시스템 신뢰도, 지원도 및 총 소유비용의 전반적인 수명주기 관리를 용이하게 하는 것을 보장하며, 다음과 같은 사항을 준수해야 한다.

(1) AR 715-1에 명시된 "무력을 수반하는 계약자(Contractors accompanying the force)"에[66) 관한 육군정책을 준수해야 한다.

(2) 국방 수송체계와, DoD 수송망을 사용하는 것이 실용적이고, 전투부대의 성과소요를 충족한다면, 이를 사용함에 있어 DoD 정책을 준수해야 한다.

(3) 총 자산 가시화 및 책임을 확인하기 위한 표준 육군 관리정보체계를 활용하고, 육군에 의해 수용될 때 범세계적 육군 전투지원시스템(Global Combat Support System Army)으로 매끄럽게 전환되어야 한다. 비즈니스 과정/운영 구조 수

---

66) AR 715-9, "Contractors Accompanying the Force"(1999)는 전쟁 이외의 군사작전(operations-other-than-war)과 전시작전(wartime operation)시 민간자원을 아웃소싱할 경우 제반사항을 규정한 것이다.
AR 715-9, Headquarters Department of the Army, Washington DC. 29 October, 1999. p.4.

준에서 SALE(Single Army Logistics Enterprise)과 통합되어
야 한다.

(4) 준비태세 및 가용도상의 영향요인을 사전에 배제하기 위해
전 사용자들에게 투명해져야 한다.

(5) 육군의 정비 전략 및 원칙(교리)에 부합해야 한다.

(6) 지원장비와 예비 부품을 포함하기 위한 전 시스템에 대한
총 자산가시화를 유지해야 한다.

d. 비록 PBL이 모든 프로그램에서 제품지원 수행에 대한 좋은 방
법일지라도, 새로운 또는 현행의 ACAT Ⅰ 및 Ⅱ 프로그램에
있어 PBL 실행에 대한 결심은 육군성 부차관보(Deputy Assistant
Secretary of the Army for Cost and Economics)에 의해 검증된
BCA에 기술된 바와 같이 비용 효과성과 운영의 타당성을 토
대로 해야만 한다. ACAT Ⅲ 프로그램에 대해 PBL은 육군본
부 승인과 함께 PM의 재량에 의거 시행된다. BCA 역시
ACAT Ⅲ 프로그램을 위해 준비되어야 한다.

e. PBL전략은 각 MDR에서 반드시 제안되어야 하며, 시스템 야
전배치 이전에 PBA에서 구체화되는 명확한 성과목표, 책임,
의무와 더불어 각각의 개별 획득체계에 맞도록 조정된다.

f. PBL은 창설될 사령부, PSI와 DLA와 같은 제품 지원 공급자
와(Product Support Providers, PSPs) 함께 PBA를 통해 시행된
다. PBA는 육군 획득집행 수준에서 승인된다. PBA는 전투부
대의 성과소요를 문서화하고, 모든 분야, Metrics, 예산 및 기
타 적절한 정보의 책임을 포함한다.

g. PSI(Product Support Integrator)는 PBL전략하에서 어떤 시스템
에 대한 모든 제품지원을 통합하기 위한 임무를 부여받는다.
새로운 프로그램에 대해 PSI는 시스템 개발 및 시연(System
Development and Demonstration, SDD) 단계 이전에 지명된다.

현행 프로그램을 위해 PSI는 BCA의 확인 후에 지명된다. PSI
는 현행과 장래의 육군 및 DoD 군수시스템의 적합성을 보장
하는 방법으로 모든 지원업무를 통합하는 것이 요구된다.

h. PBL 측정 규준을 위해 무엇보다 중요한 5가지 고려요소는
① 운용가용도, ② 임무 신뢰도, ③ 단위(부대) 사용 당 비용,
④ 군수 반응시간 및 ⑤ 군수 영역이다.


## 3-4 지원성 전략 Supportability Strategy, SS

a. 지원성 전략(이전에 ILS-plan으로 알려졌던)은 획득 프로그램
을 위해 ILS(PBL 포함)의 기획, 계획 및 집행의 기록 역할을
하는 정부에 의해 작성된 실행문서이다. 지원성 전략은 ILS의
10대 요소를 토대로 체계를 정의하고, 지원을 설계하며, 설계
를 지원하기 위한 시스템 엔지니어링 과정을 통해 어떻게 분
석이 사용될 것인지를 정의한다.

지원성 전략의 목적은 조직적으로 자료를 수집하고, 자료를 검
토하며, 대안 지원개념을 평가하고, 의사결정 시 사용된 정보를
개발하며, 계획을 협조하고, 선정된 군수지원개념을 실행하는
것이다. 지원성 전략은 수락문서이며, ILS 관리프로그램의 개
발 및 실행 동안 취해지는 조치들을 문서화하기 위한 기록물서
의 역할을 수행한다. 모든 ACAT 수준의 지원성 전략은 SIPT
에 의해 승인 및 관리된다. 모든 지원성 전략은 각 Milestone과
주요 국면 이전에, 그 이전의 최신화로부터 3년을 넘기지 않도
록 업데이트된다.

b. 최초 지원성 전략은 MATDEV에 의해 준비된다. 최초 지원성
전략은 CBTDEV, 장비관리부대, 육군 군수요원, 기술·운영
시험 / 평가관 및 기타 관계요원들과 협조된다. 최초 지원성
전략은 "Milestone B" 60일 이전에 PM이 지정되지 않는다면,

시스템에 관해 책임이 부여된 PEO가 최초 지원성 전략을 개발하기 위한 노력을 주도한다.

지원전략을 갖고 있지 않은 "Milestone B" 이후의 프로그램은 DASA (ILS)에 승인된 특별허가를 요구한다. 지원성 전략은 다음과 같이 최신화된다.

(1) Milestone 의사결정 검토 전

(2) 새로운 프로그램, 방향이 접수되었을 때

(3) 군수지원계획을 재조정할 정당한 이유가 발생했을 때

(4) 권고문서(solicitation documents) 개발에 앞서

(5) 장비 양도 검토위원회(materiel release review board) 소집 이전

c. 지원성 전략은 다음과 같은 경우에는 요구되지 않는다.

(1) 새로운 제품, 모델, 제조업자가 있을 때를 제외하고 이전에 개발되고, 여전히 현존하는 시스템의 재조달

(2) 체계 형상을 변경하지 않는 개조 작업명령에 따른 기술변경 제안

(3) 중요하지 않은 군수 영향을 갖는 구성품

d. 프로그램 참가자의 SIPT 대표자에 의한 지원성 전략에서의 협정은 그들 모체조직에 대한 동의를 대표한다.

e. SIPT 회의의 세부사항은 지원성 전략의 중간 업데이트 역할을 수행한다.

승인된 지원성 전략은 SIPT의 세부사항과 함께 모든 ILS 프로그램 참여자들을 위한 조치지침이 된다. 그것은 조치항목과 일정 완료일자의 지정뿐만 아니라 야전배치 후의 지원과 유지를 위한 시스템 획득국면과 과정(시스템 엔지니어링, 계약 및 MANPRINT 등과 같은)을 규정하기 위해 사용된다.

f. 지원성 전략은 다음과 같은 사항에 영향을 미치는 변화에 대

한 감사 추적을 유지하기 위해 CBTDEV, MATDEV에 의해
사용된다.
(1) 지원 계획
(2) 수명주기비용의 추정과 총 소유비용의 절감을 포함하는 예
  산 지원
(3) 지원 개념, 지원과 관련된 목표와 출발점(정의에 있어서의
  변경을 포함하는)

g. 지원성 전략은 시스템 준비태세 목표(SRO), 지원 비용 및 ILS
  목표의 변화에 대한 영향요인을 제시한다.

h. 지원성 전략은 종별 형태 및 장비 양도에 관한 현황을 문서화
  한다.

i. 육군이 주도적 책임을 갖고 있는 합동군 프로그램에 대해서는
  ILSM이 모든 참여군과 협조하여 지원성 전략을 개발한다. 다
  른 프로그램에 관해 SIPT의 대표자는 지원성 전략에 육군 입
  력요소를 협조한다.

j. 지원성 전략은 완전한 장비 양도를 선도하는 국면과 관련한
  다양한 지원을 달성하기 위한 계획과 스케줄을 상세히 기술하
  는 부록을 포함한다.
  이러한 국면은 종별 형태, 안전 보고서 / 평가, 수송성 분석 및
  시스템 평가 결과보고 등을 포함하나 제한을 받지는 않는다.

k. 지원성 전략은 전방 기동 지역에서 계약자지원 인원을 필요로
  하는 어떤 시스템에 대해서 왜 편제상 지원이 제공될 수 없
  는지에 대한 추가 설명을 포함한다.(AR 715-9 참조)

l. 지원성 전략 양식은 DA pam 700-56에 제시되어 있다.


## 3-5 지원성 분석과 군수관리정보

a. 지원성은 하나의 설계 특성이다. 지원성 분석의 초기 초점은 성

과 기간 내 지원과 관련된 변수 확정에 대해 귀착되어야 한다. 시스템 설계가 진행됨에 따라 지원성 분석은 지원성 소요를 제시하고, 이러한 소요와 시스템 설계 가운데 Tradeoff를 수행하기 위한 방법을 제공하게 된다. 효과적이기 위해, 지원성 분석은 시스템 엔지니어링 과정의 골격 내에서 수행된다. 이러한 분석의 예로 분석 효용연구(Analysis-use studies), 수리수준 분석, 임무분석, 신뢰도 예측, 상태 위주 정비(Condition-based maintenance, CBM), 신뢰도 중심 정비(Reliability Centered Maintenance, RCM)와 수명주기 비용분석 등이 있다.

b. LMI는 지원과, 지원과 관련된 공학 그리고 계약자와 지원성 분석의 산물로부터 획득된 군수자료이다. MIL-PRF-49506은 DoD에 이러한 데이터를 획득하는 계약방법을 제공하는 규격서이다. DoD는 초도공급, 목록화와 아이템 관리와 같은 현행 DoD 같은 장비관리 과정에서 이 제원을 사용한다.

만일 계약자로 하여금 정부 데이터베이스 로딩을 위한 데이터 제공 소요가 있다면 전자 정보교환을 위한 성과 소요로서 필요한 데이터 파일 형식과 데이터 상호관계를 지정할 필요가 있다.


## 3-6 자원 제공

a. 수명주기비용(LCC)은 시스템의 총 수명주기 기간 동안 그 시스템에 대한 정부의 총 비용이며, 모든 예산 목록과 시스템을 위해 필요하다. 그것은 연구개발, 투자(생산 및 배치, 군 건설 및 기지편성을 포함), 운영 및 지원(편제 / 계약자 인원, 보급, 운영, 정비 및 훈련)과 폐기에 대한 모든 비용을 포함한다. 이 것은 시스템의 직접 비용과 자금 조달원 또는 관리통제에 관계없이 논리적으로 기인하는 간접비용을 포함한다.

(1) "Milestone A"까지 전투개발관은 ICD에 포함시키기 위한

LCC 추정량의 개략 요구서를 준비한다.

(2) CBTDEV는 PM office와 관련하여 지원성 전략이 정의되면 "Milestone B"까지 LCC 추정치를 정련하고, CDD에서 운영 및 지원비용을 업데이트한다.

b. 가격 절감은 수명주기 전반에 걸쳐 능력요구의 식별에 있어 프로그램 결정에 중요한 역할을 담당한다. 프로그램 가격 절감은 합동 능력 통합 및 개발 체계(Joint Capabilities Integration and Development System) 분석절차의 한 부분으로, 이것은 핵심적인 성과 파라미터를 수립함에 있어 비용과 성과의 균형을 이룬다.

비용목표는 출발점과 목표의 관점에서 프로그램 진화를 위한 융통성을 제공하고, Tradeoff 연구를 지원하기 위해 수립된다.

(1) 독립변수로서의 비용은 프로그램 목표를 설정함에 있어 비용−성과 Tradeoff에 초점을 맞춘 획득전략이고, 성과와 일정(日程) 간 적절한 균형을 달성하기 위한 절차를 공식화한다. 목표는 비용, 일정, 성과 및 지원성 목표를 달성함에 따른 "위험(Risk)"을 관리하기 위해 최소한 "Milestone B" 전까지 가능한 한 조기에 설정된다.

(2) 총 소유비용(Total Ownership Cost, TOC)은 개별 무기체계의 연구, 개발, 조달, 운영, 군수지원 및 폐기와 관련된 모든 비용을 포함하며, 이와 더불어 직접적으로 프로그램에 기인하고 있지 않은 다른 기반구조 또는 경영 과정상의 비용을 포함한다. 수명주기 군수 프로그램의 목표는 총 소요비용 프로그램의 절감을 지원하기 위해 수립되며, 이는 운영 및 지원비용 목표, 총 소유비용 유발요인, 총 소유비용 기회의 감소, 비용절감 과정을 측정하기 위한 기준을 식별하는 것이다.

c. 장비개발관은 기획, 계획 및 예산 체계 과정을 통해 수명주기 군수 자원 소요를 준비, 상신 및 옹호하며, 자원 집행 성과 측정을 위한 예산을 추적·확인한다.

### 3-7 ILS **계획수립 시 고려사항**

a. 모든 획득체계에 대한 설계의 호환과 기타는 다음과 같은 사항을 적용한다.

(1) 체계 및 구성품에 대한 개선된 신뢰도와 정비도

(2) 시스템 진단 및 예측 보조물에 aids 대한 사용 증대

(3) 운영자, 정비자 및 지원인원에 대한 내장된 훈련의 활용

(4) 시뮬레이터, 시뮬레이션 및 혁신적인 훈련전략의 사용

(5) 표준화 및 호환성의 최적화

(6) 에너지 효율이 좋은 전원에서 표준화와 공용성 개발

(7) 유해물질의 사용과 쓰레기 흐름의 생성을 최소화

(8) 신뢰도, 정비도 성과를 검증하기 위한 자료수집 프로그램 활용의 최대화

(9) 육군 장비관리에 대한 총 자산가시화를 제공하기 위해 자동식별 기술(Automatic Identification Technology, AIT) 활용

(10) 특수공구, 시험장비 및 특수부품의 최소화를 통한 군수영역 감소

(11) 모듈의 plug-and-play 부품을 최적화

(12) 불리한 운영조건을 자동적으로 보상하기 위한 지적(知的) 소프트웨어를 적용

(13) 육군의 분배 기반 정비개념에 대한 설계

(14) 육군 단독 군수 경영(Single Army Logistics Enterprise, SALE) 경영구조 및 절차의 반영

b. ILS / 획득계획 활동은 동시에, 그리고 완전하게 모든 시스템

에 대한 시스템 엔지니어링의 부분이 되기 위해 획득전략의
개발과 일치해야만 한다.

c. 모든 시스템은 "Milestone B" 이전에 제품지원전략을 수립하
고 문서화한다.

d. 기술 삽입 전략은 지원부담을 최소화하고, 자원소요를 감소시
키며, 잠재적으로 불안정한 설계와 관련된 지원성 위험을 감
소시키기 위해 개발된다.

e. 진부화와 감소하고 있는 제조원(Diminishing Manufacturing
Sources, DMS)은 프로그램 지원전략의 일부로서 사전에 제안
된다. DMS에 의해 영향을 받는 진부화된 품목 또는 구성품
의 조기 식별 및 교체를 통해 주목할 만한 절약이 실현될 수
있다.

f. MATDEV는 폐기 계획 발전에 대한 책임을 진다.

g. 전통적인 조직의 능력은(예를 들면, 국방 재활용과 마케팅 서
비스) 만일 대안적인 폐기전략이 정당화되지 않는다면 잉여재
산에 대한 폐기처리를 위해 운용되어야만 한다.

h. 현행 DoD 자동시험 시스템 群 또는 규정된 자동시험 시스템
능력을 충족하는 상용 재고(在庫) 구성품의 최대 사용은, 全 시
스템 수명주기 동안 총 소유비용 분석에 기초한 자동화 시험장
비 하드웨어 및 소프트웨어 요구를 충족하기 위해 사용된다.


## 3-8 환경 영향

a. 시스템 설계에서 위험물질(Hazardous Materiel, HAZMAT)에
대한 소요는 수송, 저장, 운영, 정비, 취급 및 미래 폐기소요와
관련된 위험요소를 감소시키기 위해 절대적 최소치로 유지된다.
장비 정비계획은 실행 가능한 최대범위까지 다음과 같은 사항
을 고려한다.

(1) 원자재 소요의 배제

(2) 재생 자재의 사용

(3) 제품의 재사용

(4) 재활용성

(5) 환경친화적 제품의 사용

(6) 폐기물의 방지(독성물질의 감소 또는 배제 포함)

(7) 최종 폐기

b. ILS 프로그램 참여자는 프로그램의 모든 국면이 잠재적인 위험물질(HAZMAT)을 반영하고, 모든 환경적 영향을 최소화하는 것을 확인한다. 시스템의 운영, 정비와 지원으로부터 기인하고 있는 잠재적인 위험은, 자재 안전 데이터시트(Materiel Safety Data Sheet, MSDS)에서 문서화된다. 표준품목으로서 조달 또는 채택될 데이터시트에 문서화된 이러한 항목들은 AR 700-141에 의거하여 처리된다.

c. 위험물질의 취급 및 폐기와 관련된 비용은 수명주기 비용 추정 값에 반영된다. 시스템의 환경적 영향을 감소시키기 위한 소요는 시스템 설계와 야전배치 장비의 지원성 모두에 적용된다. 이러한 소요는 관련된 수명주기 비용을 최소화하는 방법으로 충족될 수 있다. 최소화 과정의 일부로서 4가지 영역이 ILS 프로그램 참여자에 의해 제안된다.

(1) 오염 예방의 초점은 모든 형태의 오염 원인을 배제 또는 감소시키는 데 있다. 오염 예방은 시스템의 설계, 제조, 시험, 운용, 정비 및 폐기 기간에 걸쳐 제안되어야 한다.

(2) 환경보호 준수, 환경보호 규정(연방, 주, 지방, 때론 국가의)은 준수되어야만 하는 외부적 제한사항의 出典이다. 이것은 그러한 사항들을 프로그램 실행에 식별하고 통합하는 것을 포함한다. 주요한 영향요인은 무기체계의 시험, 제

작, 운영 및 지원 간 발생한다.

(3) 위험물질 사용

(4) 안전절차의 묘사

### 3-9 지원성 및 시스템 생존성

a. 시스템 생존성의 핵심적인 요소는 전방 전투 지역에서의 수리 용이성이다.

ILS 디자인 인터페이스는 다음과 같은 사항을 강조해야 한다.

(1) 공구 및 시험장비 소요의 최소화

(2) 소요되는 정비기술 수준의 하향 조정

(3) 신속한 수리를 위한 설계

(4) 임무긴요 기능의 중복 설치

(5) 전장 피해평가 및 수리(Battlefield Damage Assesment and Repair, BDAR) 기술 수행의 용이성

b. 기술자료는 시스템 생존성에 필수적인 부품 또는 절차를 식별하기 위해 적절하게 부호화되거나 눈에 띄도록 표시된다. 생존성의 두드러진 특징을 시험 및 입증하기 위해 필요한 지원장비는 무기체계 수명주기 전체에 사용할 수 있도록 개발되어야 하고 또한 사용이 가능해야 한다.(AR 70-51 참조)

c. 화학·생물학·방사능·환경적 오염 생존성은 핵무기 효과와 생물학 및 방사능·환경오염의 효과를 견디는 데 필요한 각 육군의 시스템을 위한 ILS 프로그램의 중요한 고려사항이다. 전체 수명주기 동안 생존성의 두드러진 특징의 보존은 ILS계획의 주요한 부분이고, ILS 프로그램의 모든 영역에서 충분히 인식된다.

## 3-10 전력발전 문서

a. MATDEV는 SIPT로부터의 지원으로 시스템과 전력발전 문서 준비를 위한 입력요소 역할을 하는 관련된 지원 자료를 문서화해야 한다. 이러한 문서는 육군 전투부대의 인원과 장비를 식별하고, 전력의 관리와 조직화 활동을 승인하기 위해 사용된다(AR 71-32 참조).

시스템의 성공적인 야전배치를 성취하기 위해, 특히 사용자/전투부대에 대해 적절한 지원시설, 지원장비 및 철저히 훈련된 운용자/정비인원을 확보하는 것에 관해서 시기적절한 방법으로 소요되는 시스템 관련 정보가 육군본부에 제공되는 것이 중요하다.

b. MATDEV는 BOIPFD(Basis Of Issue Plan Feeder Data)를 개발하고, 그것을 육군 전력관리 지원기관, 작전참모부의 야전 운영부서에 제공한다. 이러한 Data는 육군 전투부대를 위한 신형 및 개량장비의 분배, 장비의 관련 지원 항목(Associated Support Items Of Equipment, ASOIE), 인원에 대한 소요를 확립한다. 또한 BOIPFD는 개발용 Line Item Number의 지정을 추진한다.

BOIPFD는 BOIP(the Basis OF Issue Plan)와 장비 편성표(Tables of Organization of Equipment, TOE)를 개발하는 데 사용되는 시스템 운영과 정비에 대한 조직적, 교리적, 훈련, 책임 직책, 인원정보 등을 제공한다.

c. 육군 인력 소요 기준 프로그램은 육군 장비의 유지를 위한 인원과 정비인원의 정확한 인원수와 혼합을 확립하고, 확인하는 방법을 제공한다. 이러한 기준은 TOE에서 전투지원과 전투근무지원 기능을 위한 임무긴요 전시 직책 소요를 결정하기 위해 사용되는 육군본부로부터 승인된 표준이다.

MATDEV는 LOGSA의 지원과 함께 시스템 수명 전반에 걸쳐 육군 시스템에 대한 정비 인시 소요의 정확한 보고를 확립하고 유지하는 책임을 진다.

새로운 시스템에 대한 정비책임은 공학적 추정, 지원성 분석과 시험자료로부터 추출된다. 대용자료는 최상의 추정 값을 반영하는 분석적 증명이 없이는 사용될 수 없다.

야전배치 이후 시스템 정비인시에 대한 업데이트는 후속 시험 데이터, 실제 야전 정비제원 및 표본자료 수집(Sample Data Collection; SDC)으로부터 획득된다.


## 3-11 장비 양도 및 야전 배치

a. AR 700-142에 명시된 바와 같이 장비 양도 과정은 현역 육군, 예비군, 타 군/연방기구 및 안보지원 프로그램에 지급된 장비가 안전하고, 운영하기에 적합하며, 지원 가능하다는 것을 확인하기 위해 사용된다.

b. 장비 배치는 각 ILS 프로그램의 필수적인 부분이다. 장비 배치계획은 최소 생산계약 서명 이전 가능한 한 조기에 시작한다(AR 700-142, DA pam 700-142 참조).

   예비군은 전시지원을 위한 계획에 포함된다. 표본자료 수집에 대한 필요성은 각 장비 획득을 위해 고려되며, 산출된 결과는 지원성 전략과 장비 배치계획에 통합된다.

c. 총 패키지 배치(Total Package Fielding, TPF)는 사용부대에 총 부대급 패키지로서 육군 장비체계를 제공하기 위해 고안된 육군의 표준 장비배치 절차이다. TPF의 목적은 장비의 야전배치 기간 동안 사용부대의 혼란을 최소화하기 위한 것이다.

   TPF하에서는 창설될 부대보다는 오히려 MATDEV가 새로운 시스템과 초기 지원에 대한 예산을 세우고 분배한다. 성공적인

TPF는 PM과 창설부대 사이에 사전계획과 충분히 협조된 동의를 필요로 한다.

d. 부대단위 세트화 배치(Unit Set Fielding, USF)는 어떤 부대가 전개 불가 상황에 있는 시간을 줄이기 위해 특정 시간대 내에 부대훈련과 함께 다수 무기체계의 동시 배치를 포함하는 배치개념이다. USF 방법하에서 주안점은 완전히 통합된 전투능력을 배치하고자 하는 것이다. USF는 복잡한 사업이며, PM은 다음과 같이 임무를 수행해야 한다.

(1) 스케줄의 불이행을 보고

(2) 훈련 하위 시스템의 생산과 분배를 동시화

(3) 현대화 A일정에 따른 우선순위 결정

(4) 대체되는 장비의 수송에 대한 예측 제공

(5) ASIOE의 예산과 야전배치를 확인

(6) 그러한 장비를 부대에 제공하기 전에 장비가 운영 가능하고, 지원 가능하며, 상호 운용이 가능하고 배치 가능한지를 확인

(7) 설비 및 시설소요를 협조


## 3-12 상용 및 비연구개발품목

**Commercial and nondevelopmental items(NDI)**

상용과 NDI는 제시한 바와 같이 DoD 5000.2에서 채택된 획득전략이며, 지원개념을 발전시킴에 있어 효과적인 수행은 혁신을 요구한다. 주요한 목표는 임무요구를 충족하고, 최저의 비용으로 지원 가능한 시스템을 제공하는 것이다.

a. 시장조사(Market Investigation, MI) ICD에 제시된 바와 같이 사용자 요구에 부응하여 상용과 NDI의 잠재적 사용을 평가하고, 적합성 기준을 개발하기 위해 사용된다. ILSM은 아이템

사용에 있어 지원개념과 연관된 정보를 획득하고, O&S 비용 예측 지원에 대한 자료를 수집하기 위해 MI에 참여한다.

MI를 지원하는 정보요구는 기술교범, 교보재, 부품 목록과 같은 단순화된 LORA, 군수품, 그리고 보증 프로그램 記述을 수행하는 데 필요한 LMI를 포함한다. 시장 조사결과는 능력문서(ICD, CDD 또는 CPD)에서 소요를 정련하고 획득전략을 공식화하며, 지원개념을 연관시키기 위해 사용된다. ILSM의 참여는 지원성 문제가 성과의 한 기능 및 총 시스템 개념의 부분으로 정식으로 고려될 수 있도록 한다.

b. 지원소요를 최소화하는 데 영향을 주는 전통적인 방식은 상용 및 NDI에는 일반적으로 이용할 수 없다. ILSM은 지원성 목표와 제한사항을 정량화하고, 공급원 선정에 적절하게 영향을 주는 성과목록에 그들을 포함하는 데 효과적이어야 한다. 공급원 선정 평가위원회는 명세서와 관련된 제안을 평가하고 각각의 비용에 대한 실체를 결정한다. 상용 군수품과 그 절차는 사용자들에게 그들의 사용과, 생산계약에 대한 데이터 소요를 결정하기 위해 공급원 선정 과정 동안에 평가된다.

c. 지원성과 관련된 스케줄과 비용은 종종 야전 배치되는 상용 및 NDI에 제시간에 편제에 의한 지원을 수립하는 것을 제한한다.

상용 지원체제는 고려 비용, 준비태세 및 전시 유지 가용도를 수용하는 가능한 최대범위까지 사용된다. 임시 계약자지원(Interim Contractor Support, ICS)의 사용은 제4장에 명시한 바와 같이 조기에 임무능력의 인도에 대한 비용 / 효과의 관점에서 평가되어야 하는 대안을 제공한다. ICS는 적절한 계획을 필요로 하고, Milestone 결정 권한에 의해 승인되어야만 하는 전략이다.

### 3-13 **진보된 기술 시연**

a. 진보된 기술 시연회는 기술의 변화를 활성하화기 위해, 그리고 사용자/운영자가 기술을 더 잘 이해할 수 있도록 지원하며, 개발에 들어가기 전에 더 나은 소요를 공식화하기 위해 수행된다. MATDEV ILSM은 기술과 더불어 경험으로 개발되는 지원개념이 획득될 수 있도록, 그리고 최종 소요문서에 적절히 영향을 미치게 할 수 있는 시연회 또는 실험 개발/공식화에 참여하게 된다.

b. 목표체계가 획득 또는 개발되는 동안 진보된 기술 시연에서 사용된 실험/시연 품목은 때때로 야전부대의 사용을 위해 보존하게 된다.

이러한 품목은 관리목적을 위해 여전히 MATDEV의 책임으로 남아 있으며, 임시 지원수단이 개발되어야 하고, 예산 제공되어야 하며, 시스템이 사용될 장소에 투입되어야 한다.

c. 시연이 완료된 후 장비인도가 처리되기 전까지 이 실험/시연 아이템은 야전부대에 남겨질 수 없다.


### 3-14 **소프트웨어**

장비체계와 관련된 소프트웨어는 그 체계의 완전한 구성품으로서 소프트웨어 지원은 ILS 프로그램을 통해 제기되어야 한다.

시스템의 현대화는 소프트웨어 업그레이드 또는 변경을 포함하며, 배치 후의 소프트웨어 지원비용은 시스템의 수명 과정에 중요한 요소이다. 시스템 소프트웨어의 효과는 시스템 준비태세에 직접적인 영향을 미친다. 소프트웨어 관리 및 지원과 관련된 계획은 컴퓨터 자원 수명주기관리에서 구체화되고, 지원성 전략의 컴퓨터 자원 부문에 요약된다. 기타 ILS 요소와의 상관관계는 지원성 분석을 통해 제기된다.

## 3-15 ILS와 인력 · 인사의 통합

ILS와 MANPRINT 과정은 상호 지원적이며, 무기체계 조달 및 획득 노력에서 통합된다. MANPRINT는 지원성의 요구수준을 획득하기 위해서 필수적인 고려요소이다. ILS의 근본적인 지침은 각 요소가 모든 다른 요소들과 통합된다는 것이다. MANPRINT 고려사항 역시 이와 동일한 관리의 통합을 제공할 수 있어야 한다.

## 3-16 수리원 및 창정비 계획

**Source Of Repair(SOR) and depot planning**

a. SOR은 군용 하드웨어 또는 소프트웨어의 주어진 형태에 대한 수리, 오버홀(overhaul), 성능개선 또는 복구를 위한 요구되는 기술적 능력을 가진 산업복합체(편제상 조직, 상용 계약 또는 상호 지원시설)이다.

MATDEV는 AR 750-1에 정의된 Decision-Tree 논리를 사용해서 SOR을 결정한다. 지원성 전략은 "Milestone B" 이전에 수행되어야 할 SOR의 핵심 분석을 포함하는 창정비 계획 활동을 반영한다. 이러한 분석은 획득 의사결정 각서에 문서화된다. 창정비원의 결정은 임무(전시와 평시) 및 경제적 고려사항을 토대로 최고의 가치를 주는 것에 기반을 두고 결정된다. MATDEV는 합동지원 및 상용자원의 사용과 관련해서 국가 창정비 정책을 인식해야 한다.

b. 창정비 제휴관계는 창정비를 달성하기 위해 정부와 산업 간 공동관계의 개발을 촉진하는 군수변혁의 중요한 내용이다. 작업분장 협약과 시설분장 협정 등을 포함해 수립되는 파트너십에는 많은 형태가 있다. 창정비 파트너십이 정부에 주는 이점은 다음과 같다.

(1) 생산성 증대

(2) 비용 절감

(3) 과잉 기반시설의 축소

(4) 전투부대에 대한 반응속도 증가

(5) 신속한 대규모 능력의 구축

c. 자본 재구성은 육군 전력의 현대화와 유지에 있어 핵심적인 요소이며, 현존 전력으로부터 미래 전력까지 지속적인 육군변혁에 있어 중요한 역할을 수행하게 된다. 이러한 자본 재구성 프로그램은 육군 시스템의 서비스 수명을 확대시키고, 운영 및 지원을 비용을 감소시키며, 군수 영역의 감소와 시스템의 성과, 신뢰도, 정비도 및 안전성을 향상시키게 된다.

d. MATDEV는 잠재적 급등 수요에 효과적으로 반응할 수 있는 적절한 핵심 창정비 능력(제도상의 전문가를 포함하는)을 유지하기 위해 국방성 정책과 AR 70-1 정책을 준수해야만 한다. MARDEV는 10 USC 2464 소요를 충족하는 핵심 창정비 평가를 수행한다. 핵심 창정비 능력은 매 2년마다 검토된다.

e. 국가 정비 프로그램(National Maintenance Program, NMP)은 육군의 수리능력을 최대화하기 위해 수행되었다. NMP는 창정비와 설비 활동을 가로질러 작업부담을 최적으로 분배하기 위해 모든 육군의 유지정비 프로그램을 집중화한다. NMP는 또한 수리되어 재고로 되돌아갈 품목에 대한 단일 정비 표준으로서 오버홀을 설정한다. 그에 대한 수행은 군수참모부장의 지침·감독과 더불어 AMC 사령관의 책임이다.

f. 모든 새로운 창정비 작업량과 현행 작업량에 대한 정비 위치 변동은 합동 창정비 프로그램 규정에 따라 합동 지원 검토 및 특정 창 시설에 대한 SOR 할당 등에 종속된다.

### 3-17 후속 군수지원 계획

**Post-production support planning, PPS**

PPS는 시스템 생산단계가 끝난 이후에 경제적 군수지원과 함께 준비태세 및 유지성 목표를 달성하는 데 필요한 관리 및 지원활동을 포함한다.

a. PPS계획은 장비 개발 및 획득단계 동안 수립된 지원소요와 개념을 토대로 한다.

b. PPS계획은 정부와 계약기관들을 포함하는 통합된 노력이다. PPS 기획을 위한 소요는 공급원 선정 권한(source selection authority, SSA) Tradeoff 활동 내에서 PPS 고려사항을 포함하기 위해 계약자를 위해 SDD(Systems Development and Demonstration) 작업문서에 실려져야 한다.

c. 최초 PPS계획 문서와 자료 및 관리활동은 "Milestone C"단계까지 지원성 전략의 부록으로 완성되어 포함된다.

d. 최종 PPS계획은 생산종료 단계 이전에 완성되며, 수명주기 전 단계에 걸쳐 PPS계획을 검토하고 업데이트하기 위한 일정이 수립된다.

e. 후속생산 소프트웨어 지원은 SDD 단계를 시작하기 이전에 착수된다. 이 계획은 시스템 배치 이후에 소프트웨어 변경요소 분배, 다운로딩, 설치 및 훈련 등을 포함한다. 이러한 계획은 PPS 계획에 집약된다.

f. 지속적인 기술의 최신화는 기술적으로 개선된 대체부품을 획득하고, 소유비용을 절감하기 위한 방법을 제공하기 위해 PPS 전략의 일부로서 제기된다.

## 3-18 야전배치 후 종합군수지원

**Integrated Logistics Support after fielding**

a. ILS 과정은 야전배치 이후에도 야전으로부터 수집된 자료를 이용해서 그리고 지원구조를 최적화하고 총 소유비용을 최소화하기 위해 지원성 과정을 반복하는 야외훈련연습에 의해 계속 수행된다. 이러한 노력은 PM이 TLCSM 책임을 수행함에 따라 PM하 SIPT를 통해 지속적으로 수행된다. 노력은 비용, 군수(지원) 또는 준비태세 유발요인을 식별하기 위한 야전배치 후의 분석 수행과, 수립된 지원구조를 검증하기 위한 LORA 수행, 후속배치 평가 수행 등을 포함한다.

b. 유지 분야 준비태세 검토는 생산으로부터 유지 분야로 자금의 전환을 제기하기 위해서, 그리고 시정조치를 필요로 하는 지원성 문제를 식별하기 위해 실시된다.


## 3-19 지원성 시험 및 평가

MATDEV는 시스템 획득 및 이와 관련된 지원에 앞서 제안된 지원개념과 계획된 지원자원의 적절성을 확인해야 한다. 지원성 및 환경 시험평가는 개발 및 운영시험 모두에 관한 통합된 분야이다. 시스템 지원성 문제에 관한 평가는 계약자, 정부 시험과 다른 소스로부터의 자료를 사용함으로써, 그리고 명시된 시스템 소요와 목표를 근거로 하는 기준에 대한 평가분석의 결과를 비교함으로써 수행된다. 지원성 시험은 개발시험 및 평가의 통제된 조건과, 운영시험 및 평가의 대표적인 야전조건 속에서 실시된다.(AR 73-1 참조) 지원성 평가는 육군 인적 기술, 지원장비, 기술교범, 공구, 내장 진단장치, 예측장치, 계측기의 고안, 시험 프로그램 셋(Test Program Set, TPS)을 포함해서 시스템에 지정될 조직의 운영환경을 위해 계획된 TMDE의(Test, Measurement, and Diagnostic Equipment) 사용을 강조한다.(창정비 이하 각 정비계단을 포함한다) 지원성, 환경적 문제 및 소요는 시험평가 계획(TEMP)에 포함된다.

### 3-20 패키지화 시스템 지원 System Support Package, SSP

SSP는 군수 시연(Logistics Demonstration, LD) 동안 평가되고, 개발 시험 & 평가 동안 시험 및 검증되는 지원자원의 복합체이다. SSP는 예비 수리부속, 교범, 훈련 패키지, 특수공구와 TMDE, 그리고 특별한 소프트웨어와 같은 항목을 포함한다. 지원체계를 확인하기 위해 사용되는 SSP는 다른 군수지원 자원과 시험의 개시·연속성을 유지하는 데 필요한 서비스와는 구별이 된다. SSP는 탄력적인 도구로서 강조되어야 하고, 시스템 고유의 소요에 맞도록 조정되어야 하며, 지원성 시험문제와 연관되어야 한다.

그러나 어떤 단계에서 SSP가 개발되고 협조되었다면, 그것이 양보되어서는 안 된다. SSP 구성품 목록은 시험 시작 60일 이전에 제공된다. SSP는 시험 위치에 시험 시작 30일 전에 전달된다.

### 3-21 지원성 시험 제한사항

Section 2399, Title 10, United States Code(10 USC 2399)은 군용 시스템의 운용 시험·평가 동안 계약자 지원의 사용에 관한 명확한 규제를 포함한다.

시험 동안 계약자 지원은 시스템이 전투에 배치될 때 사용되기 위해 계획되는 범위까지만 사용된다. 운용 시험·평가 동안 이러한 계약자 지원의 사용과 관련된 규제는 계속 적용된다.

### 3-22 군수 시연 Logistics Demonstration, LD

a. LD는 그와 관계있는 TMDE, 교보재와 지원장비를 사용하는

비파괴적인 시스템의 분해와 재결합을 의미한다. 시스템, 고유의 공구와 TMDE, 선정된 TPS, ASIOE와 그 SSP, 기술교범 포함 등은 하나의 시스템으로서 평가된다. LD는 선정된 분석, 평가, 시연과 각 획득프로그램에 맞춰진 시험을 결합시킨다. MATDEV는 모든 획득 프로그램상에서 LD를 수행한다. 통상적으로 LD는 量産 決定 이전에 수행된다. 그러나 만일 LD 소요가 명확히 포기되지 않을 경우에, 상용 및 비연구개발품목 또는 LD가 그전에는 수행되지 않던 다른 프로그램에 대해서 생산 및 배치 기간 동안에 수행된다. 만일 예외가 필요하다면, 포기요구는 MATDEV에 의해 LD 달성을 위한 그것을 뒷받침하는 이론적 근거와 대안의 계획을 포함해서 DASA(ILS)에 제출된다. LD의 목적은 다음과 같다.

(1) 장비 설계의 지원성을 평가

(2) 시스템에 대한 정비계획(정비개념, 임무 할당, 고장검사 절차 등)과 그 고유 지원장비에 대한 적합성을 평가

(3) 무기체계와 함께 TMDE와 지원장비의 인터페이스 호환성을 포함하는 예비 SSP를 평가

(4) 기술 발간물 검토

(5) LMI 데이터의 확인 및 업데이트

(6) 체계 구성품에 삽입된 결함탐지를 포함하는 내장된 진단 / 예측 장비, TMDE, TPS와 기술교범상에서 진단절차를 평가

b. 장비체계의 원형 또는 NDI 생산품목이 LD의 목적을 위해 제공된다. SIPT와 협조하여 MATDEV는 세부적인 LD계획(DA pam 700−56)을 개발한다. LD 소요는 TEMP에 요약된다. PEO / PM / MATDEV는 SIPT 요원들과 협조 후 최종 LD 보고서를 준비하는 데 대한 전반적인 책임을 갖는다. LD 보고서는 일반적으로 차기 의사결정 검토 이전 45일에 완성된다.

## 3-23 진단 / 예측 시연

a. 진단 및 예측 시연은 배치되었을 때 시스템 특성을 충족하는 장비의 자기 시험능력을 보여주기 위해 사용된다. 일련의 결함은 예측 고장률을 표시하기 위해 가중된 무작위 절차를 통해서 선정된다. 결함은 생산 형상 장비(production configuration equipment)와 평가된 결과에 삽입된다. 원격 접근 가능한 내장형 진단 / 예측장비는 비용이 효과적인 최대범위까지 사용된다. 이 능력은 핵심 구성품 또는 현장교환품목(Line Replacement Unit, LRU) 수준에 대한 자기진단과 고장분리를 위해 사용된다. 진단 / 예측 장비 소요는 능력문서에 포함된다.

b. 상태 중심 정비(Condition-Based-Maintenance, CBM)는 전력 중심 군수경영(Force-centric Logistics Enterprise, FLE) 내에서 국방성 부차관보(군수 & 장비 준비태세)가 주도하는 것 가운데 하나이다.

   CBM은 시스템, 서브시스템, 또는 구성품 내에서 발생하는 결함을 보고하기 위한 시스템 운용상태에 관한 자동화된 감시장치이다. CBM의 목표가 장비고장을 예측하거나, 최소한 가능하면 초기단계에 그 고장을 관찰하므로, CBM 개념은 선행 정비개념보다 더욱 예지적인 근거를 정비 의사결정에 제공한다. CBM은 운영 가용도를 최대화하고, LCC를 절감하며, 시스템 안정성을 증대시키고, 군수 영역을 축소한다.

# 제4장 계약자 군수지원
## Contractor Logistics Support, CLS

## 4-1 개 요

a. 정부 소유 또는 정부 통제 시설, 시험장비, 예비품, 수리부속
과 군인 또는 민간인을 사용하는 군 통제하 육군에 의해 수행
되는 어떠한 군수 영역도 고려된다. 1개 군에 의해 타 군에
제공되는 군수지원은 국방성 내로 간주된다.

b. 상업적 조직(원래의 제조업자를 포함)에 의한 계약하에서 수
행되는 육군 장비에 대한 군수지원은 CLS로 간주된다. 제공
되는 지원은 장비와 시설뿐만 아니라 다음과 같은 영역에서의
서비스까지를 포함한다.

(1) 보급 및 분배   (2) 정비   (3) 훈련

(4) 소프트웨어 지원   (5) 재생 / 오버홀   (6) 개조

(7) 시스템 지원

c. 기술자료 또는 기술자료로의 정부 접근은 타당하다면 언제나
CLS의 경쟁적 조달을 허락하기 위해 획득된다.

d. MATDEV는 장비 관리부대와 협조하여 프로그래밍, 예산 편
성, 계약 협상심사 및 행정 등을 포함하여 집권화 계약자 지
원 관리에 대해 책임을 진다.

e. 전장에서 계약지원 인원의 판에 박힌 할당이 요구되지 않기
위해 시스템이 개발되어야 한다. 만일 이것이 불가능하다면
전장에서 계약지원 인원에 대한 소요는 최소화되고, 충분히
정당화되어야 한다.

f. 계약자 군수지원은 국방 군수 사슬(defense logistics chain), 국

방 표준 시스템과 통합되어야 한다.

g. 전시 시나리오와 우발작전에서 계약자지원 지속을 위한 소요
는 지원계약 내 전시 우발조항의 포함을 통해 보장된다.
계약자는 주둔지 내로부터 전개 지원까지 균일하고, 투명한
전환을 보장해야 한다.


## 4-2 정 의

CLS는 기 계획 ICS 또는 기 계획 LCCS로서 수행된다.

a. ICS는 사전에 결정된 전 기간(목표는 3년을 초과하지 않는다)
동안 능력 대신에 상용 지원 자원을 사용하는 것이다. 이것은
최초 야전배치를 위한 계약자 지원의 활용을 포함한다.

b. LCCS는 시스템의 수명주기 전반에 걸쳐 지원을 지속시킬 목
적으로 계약에 의해 시스템 군수지원의 전체 또는 일부를 제
공하는 방법이다. LCCS가 ICS와 다른 것은 LCCS가 획득기
법이기보다는 지원개념이라는 것이다. 통상 ICS는 조달 예산
으로 지불되고, LCCS는 육군 운영 및 정비예산으로 지급된다.


## 4-3 계 획

a. 육군은 CLS가 비용 효과적이고, 그러한 적용범위가 지리적
위치와 품목의 저장에서 의도했던 사용 조건을 충족시키기 위
해 조정될 수 있을 때 CLS를 획득한다. 육군 CBTDEV는
PBL전략의 일부로서 측정 가능한 요망성과 특성을 식별한다.
이러한 성과 특성은 PBL 경영사례 분석(Business Case Analysis,
BCA) 일부로서 제시되는 CLS 통합을 위한 요망수준을 포함
해야 한다. 육군 전투·물자 개발관은 군인에 의해 유지될 수
있는 야전 장비 정비에 대한 계약자 운용을 제한함으로써 책
임과 유지에 따른 복잡성뿐만 아니라, 부대 또는 야전정비 부

대에 대한 유지 범위를 최소화할 수 있다. 이러한 환경에서 지원성의 용이함이 가장 중요한 요소가 되어야 한다.

b. CLS를 사용할 것인가에 대한 결심은 조기 개발 분야 또는 지원체계 분석 과정으로서 수행된 대안 지원 개념의 Tradeoff 분석을 토대로 한다.(획득의 어느 단계에서 ILS 노력에 대한 수준을 제한 또는 감소하기보다는) 이러한 지원 분석은 CLS가 다음과 같은 것임을 보여주어야 한다.

(1) 합리적인 대안 가운데 최적의 조건

(2) 평화 시나 전시 모두에 필요한 지원을 제공

(3) 가장 비용 효율이 좋은 방법

(4) 명백히 정부의 가장 관심 있는 분야

c. CLS 운용을 위한 결심은 다음과 같은 사항의 평가를 기초로 한다.

(1) 전시 운영 준비태세 지원성

(2) 군 기술요원(인력 소요 자료)에 대한 평시 교육 및 기지별 순환을 유지하기 위한 소요

(3) 보안 관련 사항

(4) 비용 대 효과

(5) TPS와 TMDE의 가용성

(6) 계약자 또는 Organic Support하에 경쟁조달에 적합한 기술자료로의 접근

(7) 준비태세 소요 충족을 위한 저장수준을 stock level 유지하는 데 소요되는 수리부속과 비용의 가용성

(8) 시스템을 배치하기 위한 시기(기간)

(9) 획득계약 하의 보증

(10) 예비부품 가격 결정

(11) 상업 활동 프로그램

(12) 장비 밀도 및 지리적 소산

(13) 훈련비용

(14) 소요 / 가용한 인원의 기술 능력

(15) 부대 구조

(16) 이용된 정비 수준

(17) 무력을 수반하는 계약자. 계약자는 필요에 따라 미 육군 작전 및 무기체계를 지원하기 위해 고용된다. 일반적으로 계약자는 사단급 이상 제대에 임무가 지정된다. 만일 군의 고위 지휘관이 좀 더 하위제대에 소요되는 민간계약 서비스를 결심한다면, 그들은 계약조건과 전술상황에 따라 필요한 만큼 최전방에 일시적으로 배치된다.(AR 750-1, AR 715-9 참조)

(18) 행정 및 지원 작업량

(19) 디자인 안정성

(20) 상용 또는 군용 진부화에 대한 위험

(21) 모든 제안된 장소(동원조건 포함)에서 예상 수명에 걸쳐 시스템을 지원하기 위한 계약자의 가용성

(22) 운영 준비태세 대충장비 / 수리주기 대충장비

(23) 기술의 가용성과 시스템의 기술적 복합성

d. LCCS(Life-Cycle Contractor Support) 고려사항은 준비태세, 가용성 소요, LCC, 지원 위험, 디자인 완성, 계획된 유효수명, 장비체계의 복잡성, 가용 인력 및 인사와 기타 획득 및 지원 문제를 근거로 한다. 전시 임무와 전개 소요는 지원 위험이 기초가 되는 주요한 고려사항이다.

e. ICS는 시간 또는 획득 프로그램의 제약으로 인해 요망하는 군사 지원능력이 최초 부대가 장비되어야 할 일자까지 충분히 제공될 수 없을 때 고려된다. 아래에서 제시된 바와 같이 ICS

는 지원성 전략에 명시된 시간만큼만 사용되어야 한다.

(1) ICS에 대한 계획, 정당성은 지원성 전략, 의사결정 각서에서 식별되고, 완전히 문서화되어야 하며, "Milestone B" 이전에 협조되어야 한다. 프로그램 이슈 또는 ICS 운용을 요구하는 제한사항이 "Milestone B" 이후에 발생할 때, ILSM은 필요한 문서를 획득해서 가능하면 조기에 필요한 조치를 협조한다. ICS에 대한 모든 계획은 필요한 예산준비 기간이 가용하도록 "Milestone C" 생산결정 전에 완성되어야 한다.

(2) ICS 고려사항은 장비획득의 어떤 단계에서 ILS 노력 정도의 감소를 초래하지는 않는다. 우선적인 노력은 시스템 전개를 위한 소요 지원방침을 충족하는 방향으로 지향된다.

(3) ICS 고려사항은 적대적 환경에서 작전을 위한 우발계획에 전환을 위한 계획과 Milestone을 포함하고, 행정과 자금조달 절차를 정의한다. 전환 계획 / Milestone은 지원성 전략에서 문서화된다.

(4) ICS계약은 계약자에 의해 정부에 제공된 최소한의 데이터를 식별한다(결함이 있거나 적합하지 않은 부품, 임무 빈도, 각 정비계단별 부품 사용과 수리시간, 정비활동 간 저조부대, 공학의 변화와, 필요한 기술 / 훈련).

(5) 창설될 주요 사령부와 CBTDEV와의 협조 후 인가된 전환 일자를 넘어 ICS의 연장 운용을 위한 요청은 장비 관리부대로부터 DASA(ILS)를 통해 MATDEV에 의해 추진된다. 문서는 연장, 전환을 위해 수정된 Milestone, 영향요인, 추가 예산소요, 적절한 협조 및 동의, 부동의에 대한 정당한 이유를 포함한다.

f. 제한된 기간(ICS) 또는 시스템 수명 전반에 걸친(LCCS) CLS

제도의 도입에 관한 결심은 육군 부대구조와 더불어 전장에서 군수범위에 영향을 미친다. 전장에서의 군수 실체와 전력구조의 예상되는 변화에 대한 관리는 군 기술 소요와 동일한 방법으로 모든 CLS 정비인력소요를 정량화하는 데 영향을 미친다. 직접생산 연간 정비인시에 제시된 CLS 정비인력 소요는 적절한 정비계단에서 BOIPFD에 문서화되고, CLS가 대체하는 군인의 군사 주특기와 연계된다. CLS 정비소요가 변화할 때마다 BOIPFD 절차를 사용하는 것은 최신화되어야 한다.

## 4-4 자금조달 고려사항

a. 새로운 완제품이 배치될 때 소요되는 CLS는 만일 그 일이 통상 그런 배치활동과 관련된 육군 요소에 의해 조직적으로 수행되었을 때 부가되는 것과 동일한 계정을 사용하는 현행 세출지침 내에서 이루어진다. 그런 활동을 지원하기 위한 세출소요는 수행하는 상이한 기능들의 본질에 근거를 두는 것이지, 누가 그 일을 수행했느냐에 근거를 두는 것은 아니다.

b. 배치될 각 항목의 관리자는 프로그래밍, 예산편성과 그 품목(Item)이 계약자의 관리통제하에 남아 있는 기간 동안 거기에 속하는 CLS 소요에 대한 자금조달에 대하여 책임이 있다. 하나 이상의 완제품이 동일한 계약자에 의해 지원될 경우에 각 완제품 관리자는 프로그래밍, 예산과 관리자의 완제품에 속하는 CLS 소요와 관련된 그러한 달러 자원과 회계에 대하여 책임이 있다. 가능하다면 다수의 CLS 노력이 하나의 계약으로 통합되도록 해야 한다. 명확한 기능적 서비스에 자금을 조달하는 것이 요구되면 달러 지원 또는 계약하에서 수행될 노력은 관련된 각 육군 관리체계 부호에 대한 육군 관리조직에 나타나는 보고수준 지침을 토대로 적절한 지휘운영 예산, 월/연

간 회계와 인적 자원 보고에 반영하게 된다.

## 4-5 부대훈련체계 분배 및 할당표에 대한 계약자 군수지원
**Contractor Logistics Support for Tables of Distribution
and Allowances Unit Training System**

a. 계약자 군수지원은 TDA 부대훈련체계 지원을 위해 제안된 개념이다. 4-3b절에서의 요소를 사용한 상세한 분석은 CLS가 가장 효과적인 개념인지를 결정하기 위해 수행된다.

b. 공통적인 할당표(Table Of Allowance) 또는 MTOE에 의해 승인된 모든 다른 훈련 시스템은 AR 750-1 정책하에서 획득 및 지원된다.

c. CLS가 선택되었을 때 육군 Organic Maintenance는 TDA 또는 MTOE 활동을 사용하는 운영자 정비에 대해 제한된다.

d. 지원개념 결심은 소요문서 staffing process 동안 가능한 한 조기에 만들어지고, 승인된 문서에 반영된다. 지원개념은 선정된 접근방법을 최적화하기 위해 가용 대안의 분석과 Tradeoff 분석의 수행을 근거로 개발된다.

e. 시스템 프로그램 관리문서의 TEMP와 지원성 전략은 CLS 능력을 제공하는 데 소요되는 활동(조치)을 기술하기 위해 사용된다.

# 부록 A 참고자료

## Section Ⅰ 소요 발간물

DODD 5000.1 The Defense Acquisition System
DODD 5000.2 Operations of the The Defense Acquisition System
AR 70-1 Army Acquisition Policy

## Section Ⅱ 관련 발간물

AR 40-10 Health Hazard Assesment Program in Support of the Army
    Materiel Acquisition Decision Process
AR 40-60 Policies and Procedures for the Acquisition of Medical
    Materiel
AR 40-61 Medical Logistics Policies
AR 70-47 Engineering for Transportability
AR 70-75 Survivability of Army Personnel and Materiel
AR 71-9 Materiel Requirements
AR 71-32 Force Development and Documentation-Consolidated
    Policies
AR 73-1 Test and Evaluation Policy
AR 200-1 Environmental Protection and Enhancement
AR 200-2 Environmental Effects of Army Actions
AR 350-1 Army Training and Education
AR 2350-38 Training Device and Management
AR 385-16 System Safety Engineering and Management
AR 602-1 Human Factors Engineering Program

AR 602-2 Manpower and Personnel Integration(MANPRINT) in the System Acquisition Process

AR 700-15 Packaging of Materiel

AR 700-18 Provisioning of U. S. Army Equipment, Interna l Control System

AR 700-47 Standardization and Specification Program

AR 700-90 Army Industrial Base Program

AR 700-139 Army Warranty Program

AR 700-141 Hazardous Materials Information Resource System

AR 700-142 Materiel Release, Fielding, and Transfer

AR 702-7-1 Reporting of Product Quality Deficiencies Within the U. S. Army

AR 710-1 Centralized Inventory Management of the Army Supply System

AR 710-2 Supply Policy Below the National Level

AR 715-9 Contractors Accompanying the Force

AR 750-1 Army Materiel Maintenance Policy

AR 750-43 Army Test, Measurement and Diagnostic Equipment Program

DA Pam 700-28 Integrated Logistics Support Program Assesment Issues and Criteria

DA Pam 700-56 Supportability Planning and Procedures in Army Acquisition

DA Pam 700-85 Automatic Identification Technology(AIT) Integration Guide

DA Pam 700-142 Instructions for Materiel Release, Fielding, and Transfer

DFAS-IN Reg 37-1 Finance and Accounting Policy Implementation

MIL-HDBK-502 Acquisition Policy

MIL－HDBK－881A Work Breakdown Structures for Defense Materiel
    Items
MIL－PRF－49506 Logistics Management Information
32 CFR 651 National Defense: Environmental Analysis of Army
    Actions
10 USC 2399 Operational test and Evaluation of Defense Acquisition
    Programs
10 USC 2462 Core Logistics Capabilities

# 부록 B 종합군수지원 프로그램 관리 통제<br>평가 점검표

### B-1 **기능**

이 점검표에 의해 망라된 기능은 ILS 프로그램을 지원하는 ILS 관리자와 기타 기능 전문가들에 의한 ILS 프로그램 수행에 관한 것이다.

### B-2 **목적**

이 점검표의 목적은 획득 및 야전배치 과정 동안 ILS 원칙들의 적용을 평가함에 있어, ILS 공동체 내의 고위급 획득군수 인원을 지원하기 위한 것이다.

### B-3 **지시**

이 문제의 해답은 통제(예를 들면, 서류 분석, 직접 관찰, 인터뷰, 샘플링, 시뮬레이션 및 기타)를 실제로 시험하는 것에 근거해야 한다. 결함이 있는 해답은 설명이 필요하고, 지원문서에서 시정조치가 반영되어야 한다. 이러한 관리 통제는 최소한 매 5년에 한 번은 평가되어야 하고, DA Form 11-2-R(관리 통제 평가 증명서: Management Control Evaluation Certification Statement)에서 증명되어야 한다.

a. 시스템 획득계획

   (1) 지원 제한사항이 능력문서(MANPRINT 제한사항, 기술적 한계와 같은)의 개발 내에 고려되는가?

   (2) 시스템 설계 소요와 제한사항이 프로그램 검토에서 고려되었는가?

   (3) 시스템 설계가 자원소요 감소를 보장하기 위해 공급원 선정 시 검토되었는가?

   (4) 상용 또는 비연구개발품목이 고려되었는가?


b. 야전배치 전 육군 시스템 군수지원의 결정 및 획득

   (1) 정비개념

      (a) 프로그램 시작되는 동안에 정비개념을 개발되었는가?

      (b) 시스템 개발 기간에 정비계획은 개발되었는가?

      (c) 시스템 지원 패키지는 최초 야전소요를 결정하는 데 획득되도록 시험 및 발견되었는가?

      (d) 창정비 계획 기간에 SOR분석은 "Milestone B" 획득결정 각서에서 문서화되었는가?

      (e) 전반 기동 지역에서 왜 어떤 시스템이 요구하는 계약 지원 인원을 위한 Organic Support가 제공될 수 없는지를 설명하는 부록이 지원성 전략에 첨부되었는가?

      (f) 시스템 배치 시 정비지원은 가능한가?


   (2) 지원성

      (a) 제안·선정된 시스템이 이용할 수 있는 인원수와 기술에 의해 운영 및 정비될 수 있는가?

      (b) 예비·수리부속은 결정되었는가?

(c) 부품들은 조달되었거나 또는 지금 현재 가용한가?

(d) 예비·수리부속의 포장, 취급 및 저장 소요는 충족되었는가?

(e) 이러한 소요는 능력문서상에 필요한 능력을 지원하는가?

(f) 전략개발 문서가 포함되었는가?

(g) 지원개념은 아이템이 장비개발관에게 배정되기 이전에 전투개발관에 의해 완성 및 개발되었는가?

(h) 미 육군 의무사령부는 건강 위험평가 보고서를 준비하였는가?

(i) 보급지원 과정은 단일 재고 기금 경영 과정에 적합한가?

(j) 부품들은 계약자에 의해 사용자에게 직접 선적되었으며, 표준육군시스템 내에서 기록되고, 획득되었는가?

(k) DLA 소유재고가 계약자 지원 제공 개시 이전에 사용할 수 있도록 고려되었는가?


(3) 지원소요

(a) 모든 필요한 지원소요는 식별되었는가?

(b) 그것들은 요청되었는가?

(c) 필요한 TMDE는 확인되었는가?

(d) 그것은 요청 중인가? 아니면 개발 중인가?

(e) DLA가 포함되었는가?

(f) 주둔국 지원은 고려되었는가?

(g) 기본 유지물자 지원(음식, 유류, 오일, 윤활유, 탄약 등)이 제공될 수 있는 방법이 고려되었는가?


(4) 훈 련

(a) 훈련에 대한 소요는 결정되었는가?

(b) 훈련 소요는 장비를 운영하고 수리할 인원의 능력 내에
있는가?

(c) 제도적 훈련능력은 초기 및 후속 야전배치를 지원하기
위해 설정되었는가?

(d) 교보재 소요는 결정되었는가? 소요 교보재는 시스템 운
영을 정확히 묘사할 수 있는가?


(5) 기술문서

(a) 어떤 기술문서가 필요한 것인지 결정되었는가?

(b) 이러한 문서는 개발 또는 획득되었는가?

(c) 경쟁조달을 허락하기 위해 필요한 기술자료 수준은 개
발되었는가?

(d) 데이터는 구매될 것인가?

(e) 데이터는 정확성을 확인하기 위해 검토되었는가?

(f) 전자기술 교범 또는 IETM은 개발하고 있는가?


(6) 컴퓨터 자원

(a) 시스템 하드웨어와 소프트웨어 컴퓨터 자원은 결정되었
는가?

(b) 그러한 자원은 시스템을 지원하기 위해 현재 가능한가?

(c) PPSS계획은 개발 및 승인되었는가?

(d) PPSS는 야전배치 시 가용하였는가?

(e) PPSS는 검증되었는가?

(f) PPSS는 시스템의 기 계획된 수명을 위해 가용한가?


(7) 수송성

(a) 시스템은 수송성에 대한 인가가 주어졌는가?

(b) 시스템은 최종적으로 수송성 소요문서를 충족할 것인가?

(c) 수송성 팸플릿은 Surface Deployment and Distribution Command에 의해 개발되었는가?

(8) 시설 소요

(a) 모든 시설소요(훈련, 정비, 시험 및 저장)는 식별되었는가?

(b) 소요는 건설 또는 갱신활동을 위해 OCE에 제공되는가?

(c) 시설 과정은 시설이 야전배치 또는 지원을 지연시키지 않도록 예상대로 되고 있는가?

(9) 상호 운용성

(a) 표준화 및 상호 운용성에 관한 제한사항과 영향요인은 시스템의 개발 및 획득에서 고려되었는가?

(b) 상호 운용성에 관한 인증이 대량생산에서 획득되었는가?

(10) 프로그램 文書

(a) 소요되는 프로그램 문서는 시스템 구조와 방향에 관해서 의사결정에 대한 충분한 데이터를 제공하기 위해 개발되었는가?

(b) 시험 및 평가 자료는 시스템 능력 또는 결함 조정에 관해 프로그램 의사결정에 충분한가?

(c) 사업관리자는 서비스 수명 전반에 걸쳐 무기체계를 관리, 유지 및 업그레이드하는 것 등의 계획을 가지고 있는가?

(d) 계약자 PBL 방법이 사용된다면, 그것은 BCA에 의해 지원되는가?

(e) 장비 야전배치 계획은 제품(생산)계약이 서명되기 전에

완료되었는가?

    (f) 장비 배치계획은 부대단위 세트화 야전배치 문제를 제시하는가?

(11) 자금 조달

    (a) 획득 및 군수지원 활동을 수행하기 위해 계획된 예산이 반영되었는가?

    (b) ILS 비용은 계약자와 정부 ILS 노력 모두의 비용을 포함하는가?

    (c) 시스템 설계에서 HAZMAT를 위한 소요는 절대 최저치로 유지되었는가?

(12) 야전배치 후 군수지원 Logistics Support after fielding

    (a) 장비 야전배치 조치는 스케줄대로 시스템을 배치하고 지원하기에 적절한가?

    (b) 시스템 야전배치 후 평가는 적절한 군수지원을 확인하기 위해 계획되었는가?

    (c) 부대단위 Set화 배치는 적절히 제시되었는가?

# 용 어 해 설



ACAT 획득 범주 Acquisition Category

ACSIM 시설관리 담당 차관보 Assistant Chief of Staff for Installation
    Management

AEC 육군 평가국 Army Evaluation Center

AILSEC 육군 종합군수지원 집행위원회 Army Integrated Logistics
    Support Executive Committee

AIT 자동식별 기술 Automatic Identification Technology

AR 육군규정 Army Regulation

AMC 물자사령부 Army Materiel Command

ASA(ALT) 획득, 군수, 기술 담당 차관보 Assistant Secretary of the
    Army(Acquisition, Logistics, and Technology)

ASIOE 장비관련 지원품목 Associated Support Items Of Equipment

ATE 자동 시험 장비 Automatic Test Equipment

BCA 경영사례 분석 Business Case Analysis

BOIP Basis-Of-Issue Plan

BOIPFD Basis-Of-Issue Plan Feeder Data

CBM 상태 중심 정비 Condition-Based Maintenance

CBTDEV 전투개발관 Combat Developer

CDD 능력개발문서 Capabilities Development Document

CFR 연방규정조례 Code of Federal Regulation

CLS 계약자 군수지원 Contractor Logistics Support

COE 공병감 Chief of Engineers

CPD 능력 생산문서 Capabilities Production Document

CS 전투지원 Combat Support

DA 육군성 Department of the Army

DASA(ILS) 육군성 부차관보(종합군수지원담당) Deputy Assistant Secretary of the Army(Integrated Logistics Support)

DCG, G-3 작전참모부장 Deputy Chief of Staff, G-3

DCG, G-4 군수참모부장 Deputy Chief of Staff, G-4

DCG, G-3 작전참모부장 Deputy Chief of Staff, G-3

DLA 국방 군수국 Defense Logistics Agency

DOD 국방부 Department of Defense

DODD 국방부 훈령 Department of Defense Directive

DODI 국방부 지침 Department of Defense Instruction

FLE 전력 중심 군수경영 Force-centric Logistics Enterprise

HAZMAT 위험물질 Hazardous Materiel

HQDA 육군본부 Headquarters

ICD 최초 능력문서 Initial Capability Document

ICS 임시 계약자 지원 Interim Contractor Support

IETM 전자식 기술교범 Interactive Electronic Technical Manual

ILS 종합군수지원 Integrated Logistics Support

ILSM 종합군수지원 관리자 Integrated Logistics Support Manager

ILSR 종합군수지원 검토(회의) Integrated Logistics Support Review

INSCOM 미 육군 정보 및 보안사령부 U. S. Army Intelligence and Security Command

IPT 통합지원팀 Integrated Product Teams

LCC 수명주기비용 Life-Cycle Cost

LCCS 수명주기 계약자 지원 Life-Cycle Contractor Support

LCMC 수명주기 관리사령부 Life-Cycle Management Command

LD 군수 시연 Logistics Demonstration

LMI 군수관리정보 Logistics Management Information

LOGSA 군수지원활동 Logistics Support Activity

LORA 수리수준분석 Level of Repair Analysis

MACOM 주요 사령부 Major Command

MANPRINT 인력 및 인사 통합 Manpower and Personnel Integration

MATDEV 장비개발관 Materiel Developer

MDR 마일스톤 결정 검토 Milestone Decision Review

MEDCOM 육군 의무사령부 U. S. Army Medical Command

MI 시장조사 Market Investigation

MIL-HDBK 미 군사 지침서 Military Handbook

MIL-PRF 군사 성과 명세 Military Performance Specification

MSDDC 군 지상배치 및 분배사령부 Military Surface Deployment and
Distribution Command

MSDDC-TEA 군 지상배치 및 분배사령부-수송 공학 기구 Military
Surface Deployment and Distribution Command-Transportation
Engineering Agency

MTOE 변형된 장비 및 편성표 Modified Table of Organization and
Equipment

NDI 비연구개발품목 Nondevelopmental Item

NEPA 국가환경정책 법 National Environmental Policy Act

NMP 국가 정비 프로그램 National Maintenance Program

OCE 공병감실 Office of the Chief of Engineers

OIPT 우선 통합지원 팀 Overarching Integrated Product Team

Pam 팸플릿 Pamphlet

PBA 성과 기반 동의 Performance-Based Agreement

**PBL** 성과 기반 군수 Performance－Based Logistics

**PEO** 사업집행관 Program Executive Officer

**PM** 사업관리자 Program Manager / project Manager / Product Manager

**PPS** 후속 군수지원 Post－production Support

**PPSS** Post－Production Software Support

**PSP** 제품지원 보급관 Product Support Provider

**RCM** 신뢰도 중심 정비 Reliability－Centered Maintenance

**ROS** 유지분야 담당관 Responsible Officer for Sustainment

**SA** 지원성 분석 Supportability Analysis

**SALE** 단일 육군 군수경영 Single Army Logistics Enterprise

**SDD** 시스템 개발 및 시연 Systems Development and Demonstration

**SFA** 지원시설 부록 Support Facility Annex

**SIPT** 지원성 통합지원 팀 Supportability Integrated Product Team

**SOR** 수리원(修理原) Source Of Repair

**SRO** 시스템 준비태세 목표 System Readiness Objective

**SS** 지원성 전략 Supportability Strategy

**SSA** 공급원 선정 권한 Source Selection Authority

**SSP** 시스템 지원 패키지 System Support Package

**T&E** 시험 및 평가 Test and Evaluation

**TDA** 분배 및 배당표 Tables of Distribution and Allowances

**T / TD** 훈련 및 훈련개발관 Training / Training Developer

**TEMP** 시험 및 평가 마스터플랜 Test and Evaluation Master Plan

**TLCSM** 총 수명주기 체계관리 Total Life－Cycle System Management

**TMDE** 시험, 측정 및 진단 장비 Test, Measurement, and Diagnostic
　　　Equipment

**TOE** 장비 및 편성표 Table of Organization and Equipment

**TPF** 총 패키지화 야전배치 Total Package Fielding

**TPS 시험 프로그램 셀** Test Program Set

**TRADOC 미 육군 교육사령부** U. S. Army Training and Doctrine
　　　Command

**USACE 미 육군 공병단** U. S. Army Corps of Engineers

**USAMMA 미 육군 의무장비국** U. S. Army Medical Materiel Agency

**USF 부대단위 세트화 야전배치** Unit Set Fielding

**WIPT 실무 통합지원팀** Working Integrated Product Team


**Section Ⅱ 用語**


**획득전략(Acquisition Strategy)**

획득기획 절차를 문서화하고, 무기체계 소요에서 설정된 목표를 달성
하기 위한 포괄적, 접근방법을 제공한다. 그것은 관리기획문서 Mana-
gement Planning Document(지원성 전략을 포함), 제공될 정부 공
급 장비(Government-Furnished Materiel), 획득전략, 편제상 지원
(금전, 시간, 인원) 및 스케줄을 요약한다.


**평가 등급 정의(Assesment Rating Definition)**

성공적인 비용-효과 획득, 종별, 생산, 유지, 운영준비를 위한
수리 등에 기여한 육군 차원의 ILS를 평가하는 데 사용되는 육군
성의 정의. 임무긴요시스템은 다음과 같다.(다음 정의로부터 어떠한
대체 또는 벗어나는 것도 금지된다)

　a. REEN(G): 문제없음, 모든 것이 스케줄대로 진행

　b. MBER(A): 차후 주요 Milestone 일자까지 완료될 것으로 기대
　　　되는 해결 또는 착수 계획을 가진 식별된 중요하거나 또는
　　　사소한 문제

c. ED(R): 차후 주요 Milestone 일자까지 식별된 해결안이 없거
나 입안된 결과보다 만족스럽지 못한 해결안 수행을 가진 식
별된 주요 문제점


**자동식별 기술(Automatic Identification Technology, AIT)**

원천자료의 자동캡처를 가능하게 하는 기술 一襲으로, 그것에 의
해 식별, 추적, 문서에 대한 능력을 향상시키고, 물자, 정비절차, 전
개 부대, 장비, 인원 및 화물 등을 통제한다. 그것은 자산 식별 정
보를 캡처하는 많은 자료저장 기술을 망라한다. 그 장치는 직접 접
촉, 레이저, 무선 주파수 등을 포함하여 몇 가지 방법을 사용함으
로써 신호화될 수 있다. 호출신호로부터 획득된 디지털정보는 육군
군수 운영을 지원하는 자동화 정보 시스템에 제공될 수 있다.


**자동 시험장비(Automatic Test Equipment, ATE)**

시스템 성과를 평가하기 위해 기능적 또는 정적 static 파라미터
를 측정하는 장비. 단품 수준의 고장분리를 수행하기 위해 설계되
었다. 최소한도의 인간 개입으로 의사결정, 통제, 평가기능 등이 수
행된다.


**기본 유지물자(Basic Sustainment Material)**

최초 배치, 후속 훈련 및 지정된 시간에 규정된 시스템 임무를
수행함에 있어 소모되는 물자. 탄약, 유류, 오일, 윤활유, 배터리와
대량 보급품과 같은 아이템을 포함한다.


**전장 피해평가 및 수리(Battle Damage Assesment and Repair)**

전장에서 무능화된 장비를 신속히 복구시키기 위해 취하는 모든
조치사항을 말하며, 이러한 조치사항에는 장비가 최소한의 전투기

능을 보유할 수 있도록 하거나, 자체 기동이 가능하도록 하는 데
필요한 제반 조치, 즉 야전 응급수리 배선 및 호스 등의 직접 우회
연결, 구성품 동류전용, 임시적 수리 등이 포함된다.

### 자체 고장 진단장비(Built-In Test Equipment, BITE)

시스템을 테스트하기 위해 사용될 목적을 가진 어떤 시스템의
한 부분으로서 식별장치

### 집단 훈련(Collective Training)

그룹이 요구되는 임무를 위한 어떤 그룹(승무원, 팀, 분대 또는
소대)을 준비하기 위해 기관 또는 부대에서 실시하는 훈련

### 전투개발관(Combat Developer, CBTDEV)

개념, 교리, 편성(육군의 대규모 군수 제외)과 시스템 및 소요에
관해 책임이 있는 부대 또는 기관

### 컴퓨터 자원 지원(Computer Resources Support)

후속배치 소프트웨어 지원소요와 기획을 포함하는 내장된 또는
독립 컴퓨터시스템을 운영 및 지원하기 위해 필요한 시설, 하드웨
어, 소프트웨어 및 인력

### 계약자 군수지원(Contractor Logistics Support, CLS)

정비, 보급 및 분배, 훈련, 소프트웨어 지원, 재생 / 오버홀의
overhaul 형태로 육군 야전부대에 의해 운용되는 장비에 대한 지원
을 제공하기 위해 상업적 원천을 Commercial source 사용하는 것

### 전개 가능성(Deployability)

군사작전을 지원하기 위해 세계 도처 어느 곳이든지 이동되는
부대능력(인원 및 장비)

### 대체 시스템(Displaced System)

새로운 또는 개선된 시스템의 야전배치로 인해 한 MACOM으로
부터 다른 MACOM으로 재분배되는 시스템

### 내장 훈련(Embedded Training)

시뮬레이션 또는 장비의 주 기능에 추가해서 운영 장비 성능의
시뮬레이션을 포함하는 훈련. 임무완수를 위해 본질적으로 요구되
는 능력에 의해 제공되는 훈련이 아니라, 사용자의 기술 숙달 정도
를 향상 또는 유지하기 위해 구축되거나, 운영 시스템, 서브시스템
또는 장비에 부가되는 훈련

### 내장 계측기(Embedded Instrumentation)

다음과 같은 용도의 하나 또는 그 이상을 위해 시스템 설계에
통합된 데이터 수집 및 처리능력: 진단, 예측, 시험 또는 훈련

### 내장 진단장치(Embedded Diagnostics)

시스템의 디자인 내에 통합된(또는 내장된) 센서, 중앙처리장치,
사용자 인터페이스 등을 통해 고장징후 탐색에 의한 고장원인을
결정 및 보고

### 내장 예측장치(Embedded Prognostics)

시스템의 디자인 내 통합(또는 내장된) 센서, 중앙처리장치 및
사용자 인터페이스 활용을 통해 고장 이전에 구성품 저하현상을

탐지 및 보고

### 수리수준분석(Level Of Repair Analysis, LORA)

정비개념을 개발하고, 경제적 / 비경제적 제한사항과 작전준비태세를 토대로 구성품이 교체, 수리 또는 폐기될 정부수준을 설정한 것을 지원하기 위해 사용되는 분석적 방법 RLA(Repair Level Analysis)이라고도 한다.

### 단일 육군 군수 기획(Single Army Logistics Enterprise, SALE)

전장으로부터(예, 전 세계 전투지원 체계-육군) 대규모 Wholesale(국가적) 수준(예를 들면, 군수현대화 프로그램)까지 공통적인 군수 운영상황을 가능하게 하는 전투수행능력을 구축하고, 유지하며, 발생시키는 통합된 군수 解法

### 바람직한 환경보호(Environmentally Preferable)

같은 목적으로 사용되는 경쟁적 제품 또는 서비스와 비교해 봤을 때, 인간건강과 환경에 보다 적게 또는 감소된 영향을 미치는 제품 또는 서비스. 이러한 비교는 제품 또는 서비스의 원자재 획득, 생산, 제조, 포장, 분배, 재활용, 운영, 정비 또는 폐기 등의 사항을 고려한다.

### 시설(Facilities)

시스템을 지원하기 위해 훈련, 장비 저장, 정비, 계약자, 탄약 저장, 기동 저장, 분류 저장, 부대 숙소 공급, 연료 및 윤활유 저장 등의 시설과 특수시설 소요 등을 위한 시설을 포함하는 특별히 소요되는 영구 또는 반영구적 부동산 자산

**시설계획(Facility Planning)**

평시 시나리오에서 고정시설에 관해 새로운 장비체계 도입의 효과에 대한 초기의 체계적 평가. 이것은 장기 및 한정된 MCA 과정(소요결정으로부터 사용 가능한 시설을 구비하기까지 5~7년) 때문에 요구된다.


**초도 부대 장비 일자(First Unit Equipped Date)**

MACOM에서 새로운 무기체계의 이관을 hand-off 위한 최초 예정 일자


**인간 공학(Human factors engineering)**

인간 특성에 관한 적절한 요인에 관한 시스템 설계 및 엔지니어링에 대한 체계적 적용. 이 요소는 기술능력, 성능, 인체 측정학 제원, 생의학적 요인과 시스템 개발, 설계, 획득 전략 및 인원배치에 대한 훈련 영향


**개인훈련(Individual Training)**

개인에게 기술에 필요한 자격을 주거나, 연습을 통하여 기술을 증대시키기 위해 주어지는 지시


**최초 운영능력(Initial Operational Capability, IOC)**

운영환경에서 새로운, 개선된 또는 대체되는 육군 무기체계를 효과적으로 운영 및 지원하기 위해 MTDE 부대에 의한 능력의 최초 달성


**장치대(Installation Unit, IU)**

어떤 장치를(예를 들면 무전기, 무기, 발연기, 제독장치 / 감지기)

육군의 차량과 물리적으로 결합하는 데 소요되는 포가(砲架), 케이블, 브래킷 및 기타 하드웨어. 차량은 공중, 지상 또는 해상용이다. IU는 차량 생산 또는 오버홀/재생 기간에 계약자, 정비창 또는 야전부대에 의해 설치된다.

### 통합 진단장치(Integrated Diagnostics)

알려져 있거나 발생할 것으로 예측되는 모든 결함을 탐지하고, 명확하게 분리시키기 위해 비용-효과 능력을 제공하는 수단으로서, 시험성, 진동 및 수동시험, 훈련 정비 지원, 컴퓨터 지원공학과 같은 적절한 요소를 포함함으로써 진단효과를 최대화하는 조직적 절차

### 종합군수지원(Integrated Logistics Support, ILS)

운영, 장비 소요, 설계특성에 영향을 주고, 시스템 설계와 관련된 최선의 지원소요를 결정하며, 지원소요를 개발 및 획득하고, 최저의 비용으로 운영단계 지원을 제공하며, 운영 수명주기 동안 장비체계와 지원체계 내 준비태세 및 LCC 개선사항을 모색하고, 시스템의 서비스 수명 전반을 통해 반복적으로 지원소요를 조사하는 데 필요한 관리 및 기술 활동에 대한 통합적·반복적 접근

### 임시 계약자 지원(Interim Contractor Support, ICS)

획득 프로그램이 단축 또는 축소되거나, 설계가 충분히 안정되지 않았을 경우 사용되는 지원방법. 최초배치 이후 지원능력이 단계적으로 도입될 수 있도록 지정된 잠정 기간 동안 계약자에 의해 장비체계의 전부 또는 일부를 제공한다. 지원개념이라기보다 지원 획득 기술이라 할 수 있다.

### 군수 전문 요원(Logistician)

획득절차 내에서 ILS 프로그램의 감독과 평가에 대한 책임을 갖는 MATDEV, CBRDEV, 교관 도는 사용자 대표를 제외한 부대 또는 기관


### 군수관리 정보(Logistics Management Information, LMI)

군수관리 정보는 지원 및 지원과 관련된 공학, 초도 공급, 목록화 및 Item 관리 등과 같은 장비관리 절차에서 사용될 계약자로부터 획득된 군수 Data를 포함한다. 특정한 프로그램 소요에 따라 이 정보는 요약보고 형태, 일련의 특정 자료 산출 형태 또는 양자 모두의 형태를 취한다.


### 정비성(Maintainability)

규정된 절차와 자원을 이용하여 정비가 수행될 때 주어진 시간 내에 지정된 조건에 보유 또는 회복될 고유의 시스템을 규정하는 설계 및 설비의 특성


### 정비계획(Maintenance Planning)

시스템에 대한 정비체계를 수립하는 것. 정비원 선정권한과 정비공학은 시스템의 특정 정비소요에 대해 효과적이며, 경제적 체제를 제공하기 위해 사용된다.


### 인력(Manpower)

육군에 가용한 남성과 여성의 數의 관점에서 표명된 人的 힘(군인/민간인)

### 인력 및 인사 통합(MANPRINT)

장비개발 및 획득절차 全般에 최적의 총 시스템 성과를 확인하기 위해 모든 인간요소 공학, 인력, 인사, 훈련, 건강 위험, 평가, 시스템 안전과 병력 생존성을 통합하는 전체 과정

### 장비 개조(Materiel Change)

시스템 또는 End Item이 그 임무를 수행하고, 좀 더 효과적으로 생산되며, 또는 설계−비용 목표를 달성하기 위해 시스템과 End Item의 능력을 개선 또는 향상시키기 위한 공학, 시험, 제조, 획득 및 적용 등을 포함하는 것으로서, 시스템이나 완제품에 하드웨어 또는 소프트웨어의 변경을 통합시키기 위한 모든 노력을 말한다. 이러한 개조는 역사적으로 improvement, modification, conversion, reconfiguration 또는 retrofit 등으로 불렸다.

### 장비 관리부대(Materiel Command)

장비 관리부대는 배치된 시스템의 국가적 수준(예를 들면, 대규모적인 wholesale) 군수지원에 대한 책임을 진다. 이것은 국가 정비소(整備所), 국가 재고 통제소, 廠 및 기술지원 기능 등을 포함한다. 대부분의 경우 지원부대는 AMC(물자사령부)이다.

### 장비개발관(Materiel Developer, MATDEV)

DA로부터 승인된 시스템 소요를 만족시키는 연구, 개발, 생산, 배치 및 유지를 포함하는 장비체계의 수명주기 체계관리를 달성할 책임을 지고 있는 부대, 조직 또는 기관

### 장비체계(Materiel System)

장비 담당자에 의해 개발, 획득, 관리되는 장비의 총 집합을 설

명하기 위해 사용되는 모든 것을 포함하는 용어. 장비체계는 임무
-수행 장비를 지원하기 위해 개발 및 획득되는 군수지원 하드웨
어 및 소프트웨어를 포함한다.


### 운용가용도(Operational Availability)
시스템이 전형적인 운영 및 지원 환경에서 사용될 때, 어느 때라
도 운용되거나 또는 운영될 능력이 있는지의 정도를 측정하는 것.


### 포장, 취급 및 저장(Packaging, Handling, and Storage)
장비체계와 그 지원장비, BSM(예를 들면 탄약, 배터리 및 POL)
과 관련된 모든 종별 보급품을 보전, 수송, 적재 및 하역, 저장하는
데 소요되는 자원, 기술 및 방법


### 인사(Personnel)
평시 및 戰時에 시스템을 운영하고, 지원하기 위해 소요되는 기
술 수준과 등급을 가진 군인 및 민간인


### 후속군수지원(Post-Production Support, PPS)
어떤 시스템 또는 장비의 획득 또는 현대화를 위한 생산단계의
중지 이후 경제적 군수 지원과 함께 준비태세 및 유지성 목표의
지속적인 획득을 보장하는 데 필요한 관리 및 지원활동


### 기 계획된 제품 개선(Pre-planned product improvement)
투입된 기술의 미래 적용을 향상시키기 위해, 운영능력을 달성하
는 데 필요한 현행 성과의 한계를 뛰어넘는 현행 시스템에 대한 기
계획된 개량을 포함하여, 설계 고려사항이 개발 기간 동안 영향을
미치게 될 개발시스템에 대한 기 계획된 미래의 진화적 개선사항

### 예측(Prognostics)

닥쳐올 결함에 대한 잠재력을 결정하기 위해 시스템 또는 구성품을 평가하기 위해 자료를 사용하는 것

### 프로그램 관리 문서(이전의 개발 / 프로그램 관리계획)
**Program Management Documentation(formerly development / program management Plan)**

프로그램 결정을 기록하는 CBTDEV와 MATDEV에 의해 준비되는 문서: 사용자의 소요를 포함: 장비체계의 개발, 시험, 생산 및 지원을 위한 수명주기계획을 포함한다. 모든 획득절차에 활용된다. 계획과 프로그램 집행의 모든 단계를 나타내는 기록문서에 의해 제공되는 회계감사의 형적

### 신뢰도(Reliability)

지정된 조건하에서 특정 시간 동안 어떤 아이템이 그 본래의 기능을 수행하는 확률로서 표현된 시스템의 근본적인 특성. 신뢰도는 최소의 정비로서 무기체계가 언제, 어디서라도 임무를 수행할 수 있음을 보장한다.

### 신뢰도 중심 정비(Reliability-Centered Maintenance, RCM)

자원의 최소한 지출로 장비의 신뢰도를 실현하기 위해 예방정비를 식별하는 데 사용되는 통제된 논리 disciplined logic 또는 방법론

### 안전 제공 절차(Render Safe Procedures)

용납될 수 없는 폭발을 방지하기 위해 기능의 방해 또는 비폭발 폭발물의 기본적인 구성품의 분리를 제공하는 특수 폭발물의 폐기 방법과 도구에 관한 적용

### 표준화 및 호환성(Standardization and Interoperability)

표준화(Standardization): 운영, 행정 및 장비 분야에서 적합성, 상호 운용성, 상호 교환성, 일반성의 가장 효과적인 수준을 달성 및 유지하기 위한 개념, 교리, 절차 및 설계를 개발하는 과정

호환성(Interoperability): 다른 시스템, 부대 또는 전력에 대해 서비스를 제공하고 또 그들로부터 서비스를 제공받으며, 그들 모두를 효과적·상호교환적으로 운영할 수 있도록 사용하기 위한 서비스를 제공하는 장비체계, 부대 또는 전력의 능력


### 보급지원(Supply Support)

주요·부차적 품목의 결정, 획득, 목록화, 접수, 저장, 이송, 분배 및 폐기에 소요되는 관리 행위, 절차 및 기술. 보충 보급·지원뿐만 아니라 최초 지원을 위한 보급을 포함한다.


### 지원성(Supportability)

지정된 개념과 절차에 따라 지원되었을 때 요망 준비태세 수준에서 유지된 시스템 성과를 위해 제공되는 시스템과 그것의 지원 시스템 설계 특징.


### 지원성 분석(Supportability Analysis, SA)

시스템 공학 과정 내에서 수행되어야 할 광범위하게 관련된 분석. 지원성 분석의 목표는 ① 지원성이 시스템 성과소요로서 포함되는 것을 확인하고, ② 시스템이 최적의 지원 체계와 infrastructure와 동시에 개발 또는 획득되는 것을 확인하는 것이다.

이러한 분석의 예로, 수리수준분석, 신뢰도 예측, 신뢰도 중심 정비(RCM) 분석, 고장유형 효과 및 치명도 분석과 FMECA(Failure Modes, Effects and Criticality Analysis), LCC분석이 있다.

### 지원장비(Support Equipment)

트럭, 에어컨디셔너, 제네레이터, 지상 취급 및 정비장비, 도구, 도량형, 교정 및 통신장비, 시험장비, on 및 off상의 장비정비를 위해 진단 소프트웨어를 갖는 자동시험장비 등을 포함해서 장비체계를 운영·지원하기 위해 소요되는 보조 지원장비(이동식 또는 고정식). 지원 및 시험장비 그 자체의 운영과 유지를 위해 필요한 지원의 획득과 기획을 통합한다. 또한 높은 구조적 수준 밀도, 예컨대 추가적인 라인 운반 연료 트럭 또는 탄약 운반차량으로, 새로운 시스템의 종합으로 인해 요구되는 추가적인 지원장비를 포함한다.

### 시스템 준비태세 목표(System Readiness Objectives, SRO)

평시 전개성과 전시 임무소요를 충족시키기 위한 운영부대의 효율성과 관련된 사항을 측정한다. 장비 셋, 잠재적 군수지원 평가, 시스템 운영 준비태세 및 유지성에 영향을 미칠 수 있는 자원 등을 고려한다. 전·평시 SRO는 사용률, 운용 모드, 임무 유형 및 운영환경에 따라 다르다. SRO의 예로는 평시 사용률에서 운영가용도, 전시 사용률에서의 운영가용도, 정해진 시간의 틀(일정)에 따른 소티 창출(항공) 및 최대 행정 및 군수 비가동시간(간헐적 임무) 등을 포함한다. 정량적으로 장비체계 디자인 파라미터에, 그리고 시스템 지원 자원 소요에 관련이 있다.

### 시스템 지원 패키지(System Support Package, SSP)

운영(전개, 배치) 환경에서 미리 제공되며, 계획된 지원능력의 적절성을 결정하기 위해 기술적 시험 & 평가와 사용자 시험 & 평가 기간 동안 시험 및 평가되는 시스템을 위해 계획된 지원요소들의 SET.

## 기술자료(Technical Data)

사람과 장비 사이의 의사소통 연결체. 규격서, 표준, 공학도면, 과제 분석지시, 자료항목 설명, 보고, 장비 발간물, 표(表)로 만든 자료, 컴퓨터 소프트웨어 문서, 개발에서 사용되는 시험결과, 생산품, 시험, 사용, 정비, 비군사화, 해독 및 군용 구성품 및 시스템의 폐기 등 ILS프로그램을 설계 및 집행하는 데 사용된다.

컴퓨터 프로그램 관련 소프트웨어, 재무자료(財務資料) 및 계약행정과 관련된 기타 정보는 기술자료가 아니다.


## 시험성(Testability)

어떤 장치의 기능적 또는 운영적 상태와, 시기적절한 방법으로 확실하게 결정된 장치 범위 내의 여하한 고장 위치를 고려하는 설계 특성. 어떤 장치의 상태는 그 장치가 운영 가능한가, 운영 가능하지 않은가 또는 성능이 떨어지는가와 관련이 있다. 시험성은 indenture(장치, 보드, 장비 또는 시스템)의 모든 하드웨어 수준에 적용된다. 시험성 목표를 달성하기 위해서는 모든 디자인 indenture 수준과 이러한 수준 사이의 시험과 진단 전략의 통합에 대해 주의를 기울여야 한다. 설계에 대한 시험성 적용은 모든 시험활동에 영향을 미친다. 즉 공장 환경에서 제조시험, 전반적인 임무능력을 결정하기 위한 임무단계 동안의 운영시험과 정비개념 소요에 의해 수행되는 모든 정비계단 또는 제대에서의 정비시험 등을 말한다.


## 시험, 측정 및 진단장비
### (Test, Measurement and Diagnostic Equipment, TMDE)

시스템 또는 구성품의 운영조건을 평가하거나 실제 또는 잠재적인 고장을 식별 또는 분리하기 위해 사용되는 시스템 또는 장치. 진단 및 예측장비, 자동 및 반자동 장비, 교정시험 및 측정장비로서,

End Item과 분리되거나 시스템 내에 내장된 것을 확인할 수 있다.

### 총 소유비용(Total Ownership Cost, TOC)

모든 법률, DOD 정책, 준비태세에 효율적인 모든 규정, 수명의 안정성과 질, 그리고 DOD와 그 구성기관들에 대한 성과의 모든 공식적 측정 등을 준수하여 국가목표를 충족시키기에 충분한 군사력을 조직, 장비 및 유지하는 데 필요한 재정적 자원의 총합.

(이것은 국방 시스템의 연구, 개발, 획득, 소유, 운영 및 폐기 비용과 기타 장비 및 부동산 비용: 군인 및 민간인을 모집, 보유, 퇴역과 지원하기 위한 비용: 모든 다른 DOD 사업운영 비용 등을 포함한다.)

### 교보재(Training Aid)

훈련과 학습절차의 수행을 지원할 목적으로 개발, 조달 또는 제조된 여하한 Item과 관련된 포괄적인 용어(예를 들면 model, display, slide, 책 및 사진 등)

### 훈련 및 교보재(Training and Training Devices)

개인 및 승무원 훈련, 신형 장비 훈련, 장치(설비) 획득에서의 유지 훈련과 TD 그 자체를 위한 지원 등을 포함해서 시스템을 운영 및 지원하기 위해 인원을 훈련시키는 데 사용되는 과정, 절차 기술 및 장비

### 교보재(Training Devices, TD)

학습 과정을 위해 특별히 개발, 제조 또는 획득된 3차원적 목표와 통합된 컴퓨터 소프트웨어. 교보재는 개발 또는 승인된 개인 및 집단훈련 프로그램에서 지정된 임무, 군인교범, 군사 자격기준 또는 는 육군 훈련 및 평가 프로그램에서 지정된 임무를 지원하기 위해

승인되고, 개발·획득된다. 교보재는 시스템 또는 non-system 교보재로 분류된다. 시스템 교보재는 하나의 시스템과 함께 사용하기 위해 설계된다. non-system 교보재는 일반적인 군사훈련 또는 하나 이상의 시스템에서 사용할 목적으로 설계된다.

### 수송성(Transportability)

견인, 자기 추진력(자주) 또는 운반차와 철로, 고속도로, 수상 및 공중을 통해 Item의 이동을 위해 기 계획된 장비를 이용함으로써 효과적으로 이동되기 위한 어떤 Item의 고유 능력

### 사용자(User)

TOE, TDA 또는 기타 가능한 문서하에서 부여된 작전임무를 달성하기 위해 MATDEV로부터 시스템을 접수하도록 지정된 주요 사령부(MACOM.)

# 약 어

AGREE          Advisory Group on Reliability of Electronic Equipment
신뢰성 자문위원회

BII          Basic Issue Item          기본불출품목

CSP          Concurrent Spare Parts          동시조달수리부속

DOD          Department of Defense          미 국방성

FGC          Functional Group Cod          기능그룹번호

FMECA          Failure Modes and Effects and Criticality Analysis
고장유형·영향 및 치명도 분석

FRMS          Formation Resource Management System
편성부대자원관리시스템

GBL          General Breakdown List 일반분해목록

ILS          Integrated Logistics Support          종합군수지원

IPR          In Process Review          공정간 검토

LCN          LSA Control Number          군수지원관리번호

LCN F / T          LCN Family Tree          군수지원분석관리번호계통도

LDC          Logistic Data Check          군수제원점검

LOADERS-Ⅱ          Logistics Support Analysis Data Entry & Retrieval System-Ⅱ LSA 자료입력 및 검색체계

LRU          Line Replaceable Unit          부대정비품목

LSA          Logistics Support Analysis          군수지원분석

MAC          Maintenance Allocation Chart          정비할당표

MF          Maintenance Float          정비대충장비

M&S          Modeling & Simulation          모델링 및 시뮬레이션

MTBF          Mean Time Between Failure          고장 간 평균시간

MTTR          Mean Time To Repair          수리 간 평균시간

OASIS          Optimal Allocation of Spares for Initial Support

CSP 소요산출 모델

| | | |
|---|---|---|
| OT&E | Operational Test & Evaluation | 운용시험평가 |
| PPBEES | Planning, Programming, Budgeting, Execution and Evaluation System | 국방기획관리체계 |
| RAC | Reliability Analysis Center | 미 신뢰성센터 |
| RAM | Reliability, Availability, Maintainability | 신뢰도, 가용도, 정비도 |
| RCM | Reliability Centered Maintenance | 신뢰도 중심정비분석 |
| SDC | Sample Data Collection | 샘플자료수집 |
| SESAME | Selective Essential Item Stockage for Availability, Multi-echelon | 미 수리부속 소요산정 모델 |
| SMR Code | Source, Maintenance and Recoverability Code | 근원정비복구성부호 |
| SOLOMON | SOftware for LOgistics support analysis MOdels, Next generation | 통합군수지원분석모델 |
| SRU | Shop Replaceable Unit | 야전정비품목 |
| TMMDDS | Total Maintenance Management Data Collection System | 미 야전자료 수집체계 |

· 저자 ·

조용선　　·약　력·

보병중대장(2003)
군수사령부 지원지험장비개발장교(2004)
군수사령부 기동무기군수지원분석장교(2006)
군수사령부 화력무기군수지원분석장교(2007)

·연구논문·

「GIS를 이용한 군 훈련장의 자연환경관리를 위한 RUSLE의 적용연구」(2001)
「종합군수지원 발전방향에 관한 연구」(2008)
외　다수




# 종합군수지원

− 야전운용제원 수집과 활용모델 −


| | |
|---|---|
| • 초판 인쇄 | 2008년 10월 8일 |
| • 초판 발행 | 2008년 10월 8일 |
| • 지 은 이 | 조용선 |
| • 펴 낸 이 | 채종준 |
| • 펴 낸 곳 | 한국학술정보㈜ |
| | 경기도 파주시 교하읍 문발리 513−5 |
| | 파주출판문화정보산업단지 |
| | 전화　031) 908−3181(대표) · 팩스　031) 908−3189 |
| | 홈페이지　http://www.kstudy.com |
| | e−mail(출판사업부)　publish@kstudy.com |
| • 등　　록 | 제일산−115호(2000. 6. 19) |
| • 가　　격 | 26,000원 |

ISBN　978-89-534-0236-2 93390 (Paper Book)
　　　　978-89-534-0237-9 98390 (e−Book)